"十四五"职业教育国家规划教材

幼儿心理学

（理实一体教材）

第2版

刘　颖　主编

电子工业出版社.

Publishing House of Electronics Industry

北京·BEIJING

内 容 简 介

本书按照当代职业教育的人才培养要求，兼顾专业特点和学生可持续发展的需求，依托现代儿童心理学理论，强调学生的自主学习意识，将理论与实践相融合，从幼儿园岗位实际出发，将知识融入幼儿园真情实景的案例中，集实用性、创新性、趣味性、典型性为一体，激发学生主动学习的兴趣，培养学生可持续发展的张力。

本书共十章：第1章幼儿心理学发展概述；第2章幼儿注意的发展规律；第3章幼儿感知觉发展规律；第4章幼儿记忆发展规律；第5章幼儿想象发展规律；第6章幼儿思维发展规律；第7章幼儿情绪情感发展规律；第8章幼儿意志发展规律；第9章幼儿个性发展规律；第10章幼儿社会性发展规律。

本书可作为幼儿师范院校的学生学习用书，也可作为从事幼儿教育的教师阅读参考用书。

图书在版编目（CIP）数据

幼儿心理学 / 刘颖主编 . —2 版 . —北京：电子工业出版社，2019.11

理实一体教材

ISBN 978-7-121-38062-4

Ⅰ.①幼… Ⅱ.①刘… Ⅲ.①学前儿童—儿童心理学—职业教育—教材 Ⅳ.① B844.12

中国版本图书馆 CIP 数据核字（2019）第 259428 号

责任编辑：关雅莉　　文字编辑：徐　萍
印　　　刷：北京天宇星印刷厂
装　　　订：北京天宇星印刷厂
出版发行：电子工业出版社
　　　　　北京市海淀区万寿路 173 信箱　邮编　100036
开　　本：787×1 092　1/16　印张：15　字数：384 千字
版　　次：2013 年 9 月第 1 版
　　　　　2019 年 11 月第 2 版
印　　次：2024 年 6 月第 17 次印刷
定　　价：38.00 元

凡所购买电子工业出版社图书有缺损问题，请向购买书店调换。若书店售缺，请与本社发行部联系，联系及邮购电话：（010）88254888，88258888。

质量投诉请发邮件至 zlts@phei.com.cn，盗版侵权举报请发邮件至 dbqq@phei.com.cn。

本书咨询联系方式：（010）88254617，luomn@phei.com.cn。

前　言

本教材以培养能胜任幼儿园相关岗位的高素质初级实用型人才为目标。

教材的第 1 版深受广大一线师生的喜爱。学生们反映教材中案例生动有趣，学习内容易于吸收理解；教师们反馈本教材好用、实用、适用，贴近幼儿园岗位实际需求。基于师生的反馈信息，本教材第 2 版在以下三个方面做了修订和提升。

① 每章增加"实训指导"内容，利于学生运用理论，学以致用。

② 内容得到进一步补充和完善，利于学生自主学习。

③ 每章增加配套资源，利于学生理解重点和难点。

与同类教材相比，本教材具有以下特点。

① 学为主。幼儿心理学理论性强，学生学起来困难，教师教起来费劲，本教材站在学生学的角度，贴近学生认知水平。

② 理实连。专业理论深、理论知识与岗位实际相互脱节、实训困难，这些问题一直是专业理论课教学难以突破的困境。本教材突破此困境，将理实紧密结合、连接成一体，填补了同类教材的空白。

③ 体例新。从幼儿园岗位实际出发，将理论知识与幼儿园真情实景的案例有机融合，采用"呈现案例—提出问题—案例分析—培养方法—实训指导"的编写体例，让学生在岗位实景中学以致用，培养学生核心职业素养。

④ 趣味浓。本教材采用专题案例形式，在学习心理和学习特点的基础上，提炼出有趣味性的、有代表性的幼儿园真实案例，激发学生的学习兴趣。

⑤ 学生爱。本教材第 1 版发行后，经过多年一线教学实践的调查和评估，有 37% 的学生能够自学读懂教材部分章节内容。学生们喜欢教材中描述的案例及分析。

根据本课程的特点，建议教学课时安排如下（供参考）。

章 节	内 容	专题学习课时	实 训 课 时
第1章	幼儿心理学发展概述	4	2
第2章	幼儿注意的发展规律	6	4
第3章	幼儿感知觉发展规律	6	4
第4章	幼儿记忆发展规律	4	2
第5章	幼儿想象发展规律	4	2
第6章	幼儿思维发展规律	6	3
第7章	幼儿情绪情感发展规律	5	3
第8章	幼儿意志发展规律	3	2
第9章	幼儿个性发展规律	6	4
第10章	幼儿社会性发展规律	6	4

本教材得到了知名专家的认可，在此表示感谢。由于编者的水平有限，且时间所限，本教材中难免会出现不当之处，恳请专家、各位同行批评指正，也希望读者能够提出意见和建议，以便编者今后改进。联系方式（E-mail：cailiuliu200015@sina.com、QQ:391683118）。

编 者

目　录

幼儿心理学发展概述 第1章

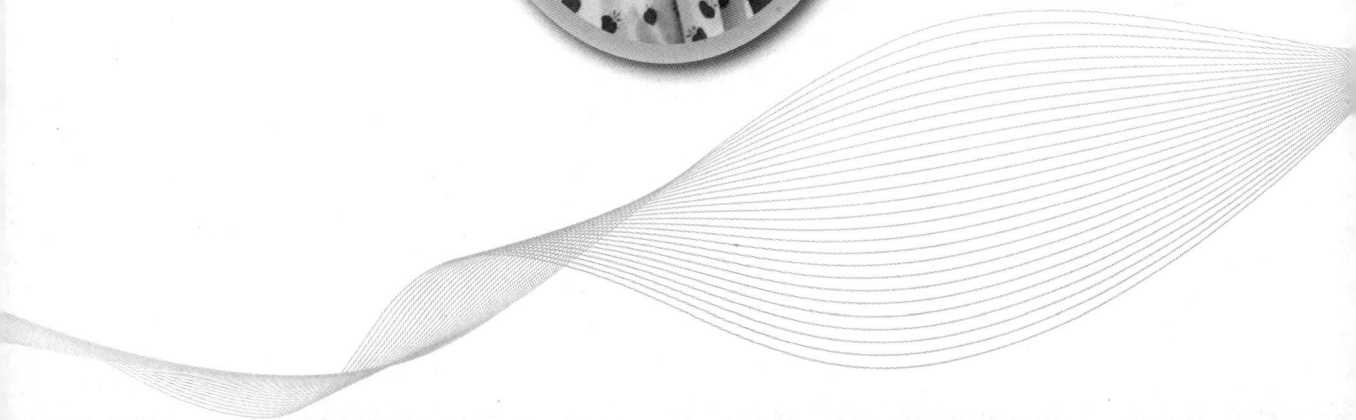

专题一 幼儿心理学的研究对象

案例展示

案例 ❶ 爱撕书的洋洋

洋洋很喜欢从幼儿园的书架上撕几页书，然后将书页撕成纸条，再将纸条抛出。每次洋洋看到纸条从空中落下，就再次将纸条捡起又抛出，反反复复地重复这一动作，乐此不疲。玩到最后，他还将撕碎的纸条从地上捡起，然后仔细地折叠起来，放进自己的口袋。教师多次提醒洋洋不要撕书，但毫无效果，几天后，教师发现，幼儿园的其他小朋友也开始纷纷效仿洋洋撕起书来……

开动脑筋 •••••

☞ "案例1"中的洋洋为什么爱撕书？

☞ 为什么其他小朋友也开始撕书？

☞ 同样情景下，你会像洋洋这样做吗？

☞ 从这个案例中，你能发现成人和幼儿的心理特点有哪些不同吗？

寻找规律 •••••

洋洋不但撕扯幼儿园的公共书籍，而且还将纸条捡起又抛出，乐此不疲。在教师多次提醒下，洋洋不但继续撕书，还影响到其他小朋友也效仿他的行为，出现大家都撕书的现象。将"案例1"中幼儿的行为与成人行为相对比会发现，成人很少出现上述行为。为什么成人不会发生的行为在幼儿中会发生呢？行为背后是心理的影响，这是成人和幼儿的不同的心理特点造成的。

研究幼儿期（3～6岁）幼儿心理发展特点和规律的学科就是幼儿心理学。在幼儿行为的背后，隐藏着幼儿的心理特点。作为幼教工作者，应在掌握幼儿心理特点的基础上，采用恰当的教育方法引导幼儿，促进幼儿心理健康发展。具体来说，幼儿心理学需要学习以下内容。

1. 学习幼儿心理过程

众所周知，事物的发展都有一定的过程，幼儿心理发展也存在一个过程。幼儿心理过程包括幼儿认识过程、幼儿情感过程、幼儿意志过程三个方面，简称为"知""情""意"。

（1）幼儿的认识过程是幼儿大脑反映万事万物的过程，包括感觉、知觉、记忆、思维、想象等。

（2）幼儿的情感过程是幼儿在认识过程中产生的内心体验。

（3）幼儿的意志过程是幼儿为了实现预定的目标，在实现目标的过程中，能够自觉克服各种困难的心理过程。

在上述各种心理过程中，还有一个特殊的心理状态——幼儿的注意。注意不属于心理过程，但它却伴随着每一个心理过程而存在。因为没有注意，幼儿的认识、情感、意志等过程就无法顺利进行。注意在心理过程中起着无可替代的作用。

2. 学习幼儿个性特点

每个幼儿在心理发展进程中都经历了心理的各个认识过程，但在现实生活中，却找不到绝对相同的两个幼儿。这是因为在幼儿心理发展进程中，幼儿逐渐形成了各自不同的、但又稳定而独特的行为和心理特点，这就是幼儿的个性。幼儿的个性包括幼儿的能力、气质、性格和自我意识等。

（1）幼儿的能力表现在每个幼儿都有所长。例如，有的幼儿善于模仿，有的幼儿善于运动，有的幼儿善于人际沟通，有的幼儿有较强的语言表达能力，有的幼儿具有良好的音准……不同幼儿存在一定的能力差异。

（2）幼儿的气质先天具有一些差别。例如，有的幼儿反应快，有的幼儿反应慢，有的幼儿急躁易怒，有的幼儿活泼可爱……这些一出生就具有的独特性，反映的是幼儿先天气质的差别。

（3）幼儿的性格是在后天发展过程中逐渐形成的稳

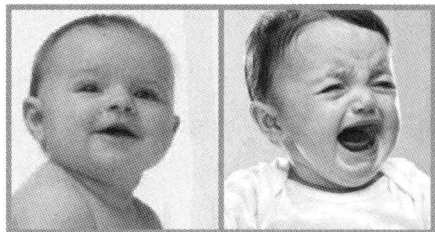

定的心理特征。例如，有的幼儿自私，有的幼儿助人为乐，有的幼儿勇敢，有的幼儿怯懦，有的幼儿勤劳，有的幼儿懒惰……不同的幼儿有不同的性格特点。

（4）自我意识指的是所有属于自己身心状况的意识，包括幼儿的自我评价、自我体验、自我控制等。

3．学习幼儿社会性发展特点

社会性是幼儿在成长过程中，通过与父母、亲人等交往、互动，逐渐习得了社会上的风俗、习惯，知道了什么应该做，什么不应该做，与别人交往中要掌握哪些礼仪规范等，这就是幼儿社会化的过程。社会性主要涉及亲子关系、同伴关系和幼儿亲社会性行为发展等。

学习幼儿心理学的意义

幼儿具有独特的心理特点，作为未来的幼儿教师，学习幼儿心理学具有重要的意义。

1．幼儿教师岗位的要求

幼儿是幼儿教师的工作对象。掌握幼儿的心理特点，幼儿教师才能有效教育，才能因材施教，因此，幼儿心理学是幼儿教师岗位中要求每一位幼儿教师必须具备的专业理论基础，是幼儿教师岗位工作的需要。

2．帮助幼儿教师按照幼儿心理特点开展活动

幼儿心理具有特征鲜明的年龄阶段特点，利用幼儿心理发展的规律开展幼儿园教育、教学活动，才能更好地促进幼儿身心健康发展。

3．有利于培养幼儿的个性

当今世界越来越重视幼儿个性化发展，学习幼儿心理学，掌握幼儿的个性发展及变化规律，尊重每位幼儿的独特性，培养幼儿的创造性，对幼儿心理发展的意义十分重视。

总之，只要学好幼儿心理学，以幼儿心理发展的特点和规律为依托，才能让幼儿积极健康、可持续地发展。

思考与实践 ●●●●●

一、填空题

（1）幼儿心理学是研究_____岁幼儿心理发展规律的学科。

（2）幼儿的心理过程包括_____、_____、_____。

（3）幼儿的认识过程包括_____、_____、_____、_____。

（4）幼儿的个性包括_____、_____、_____和_____等方面的内容。

二、选择题

（1）"看见""听到""想象""思考"是（　　　　）。

　　A．心理过程　　　B．心理状态　　　C．个性特征　　　D．能力倾向

（2）"人心不同，各如其面"是说人的（　　　　）是相对稳定的。

　　A．认识过程　　　B．个性　　　C．情感特征　　　D．意志

三、实践训练

（1）收集新生儿、1～2岁、3岁、4岁、5岁、6岁等不同年龄阶段婴幼儿的图片、视频资料，建立对不同年龄阶段幼儿的感性认识。

（2）分别选取小、中、大班幼儿各1名，从身高、语言表达、肢体动作等方面加以观察，初步从外表判断小、中、大班幼儿的特点。

专题二　心理的实质

案例
展示

案例❷　"灵魂出窍"

　　古时候，人们通过日常观察发现，当人睡着时，身体没动，但却梦到以前从没有去过的地方，梦到去世的亲人，梦见自己能够飞翔等；同时，古人还发现，当人激动时心跳会加快，悲伤时心脏会有特殊反应，死亡时心脏会停止跳动。通过这些现象，古人认为：人的灵魂和肉体是相互分离的，而且心脏是产生心理的器官，"心心相印""心想事成"这些词汇的出现，就是这一主张的生动体现。

案例❸　"狼孩"

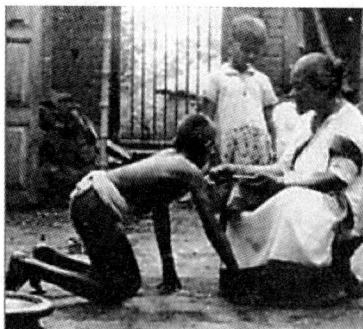

狼孩从看护者手中"叼"取饼干

　　印度于1920年发现狼孩，狼孩回到人类社会时已七八岁，处处表现出狼的习性。狼孩用四肢行走、不会说话、惧怕人、昼伏夜出、嗜血、吃生肉、食土、喜欢黑暗、与狗和豺狼非常亲近，每天午夜到次日凌晨3点，会像狼一样引颈长嚎，虽然已七八岁，但智力仅有6个月乳儿的水平，至死，其智力也仅相当于3～4岁幼儿的水平。

案例❹　观察同一棵树……

　　文文和涛涛两个小朋友观察同一棵树。文文用手抚摸着粗糙的树皮，然后问妈妈：为什么树皮疙里疙瘩的，不像自己的手摸起来滑滑的？涛涛却围着这棵树转，寻找能够爬上去的枝杈，一心想着如何才能爬上树去玩，看看树上有什么。两个幼儿对同一棵树的观察视角存在明显差别。

开动脑筋 ●●●●●

👉 你对"案例2"中古人得出的"灵魂和肉体是相互分离"的观点有何看法？心脏是产生心理的器官吗？

👉 "案例4"中的两个幼儿面对同一棵树，他们的关注点是否一样？为什么？

寻找规律 ●●●●●

"心理的本质"到底是什么？从古代起，人们就希望弄清楚这个问题，更想知道心理是如何产生的。下面就来具体分析一下。

1. 脑是心理的器官，心理是脑的机能

"案例2"中的古人由于缺乏现代化的科学研究手段，直观地通过人睡着时会做梦，做梦时人的身体虽没动，却可以梦到以前从没有去过的地方，梦见去世的亲人等，得出"人的精神和肉体是相互分离"的结论；之后，古人又观察到，情绪变化会引发心脏反应，心脏停止跳动后，人就死亡了，从而得出"心脏是产生心理的器官"。这些直观的观察是否科学呢？现代科学实验证实：人的大脑如果受到了损害，人的心理会出现问题，大脑不正常，人的心理就不正常，脑是产生心理的器官。例如，斯蒂芬·威廉·霍金先生（英国剑桥大学著名物理学家），他患病40年，全身只有三根手指可以活动，生活完全不能自理，但霍金先生大脑正常，他在轮椅上利用自己正常的大脑继续从事科学研究，成为现代最伟大的科学家之一，被誉为继爱因斯坦之后世界上最著名的科学思想家和最杰出的理论物理学家。事实证明

坐在轮椅上的
斯蒂芬·威廉·霍金

"脑才是心理的器官"。我们的大脑不断地活动，接收、分析、综合、储藏并发布各种信息，大脑活动和运转的结果产生了心理，心理是脑的机能。综上所述，脑是心理的器官，心理是大脑的机能。

2. 客观现实是心理的内容和源泉

既然脑是心理的器官，心理是脑的机能，是不是一个人大脑正常，心理就一定正常呢？

科学研究显示，客观现实是心理的内容和源泉，如果人脱离了客观现实，各种心理现象就无法产生。

客观现实是除我们心理之外的一切事物，如自然环境、社会环境等。自然环境包括宇宙天体、高山湖泊、花鸟鱼虫、四季变迁、城市建筑等；社会环境包括人类的各种社会制度、人际关系、社会组成、道德习俗、文化传统等。自然环境和社会环境都是心理产生的源泉，但相比较而言，对人起决定作用的是社会环境。如"案例3"中的"狼孩"，他出生时大脑正常，但在生命的早期，由于特殊原因，脱离了人类社会，生活在狼群之中，大脑输入的是狼的生活习性，他的心理就只能反映出狼的心理。这个案例说明，人即便出生时大脑正常，但如果脱离了人类正常的成长环境，其心理也无法正常发展。

3．幼儿心理具有主观能动性

人脑是对客观现实的反应，但不是被动、消极的反应，而是主动、积极的反应。心理具有主观能动性。

在现实生活中我们发现，同卵双胞胎在遗传上的遗传素质很接近，并且生长环境也很接近。他们拥有相同的爸爸妈妈、近似的成长环境、

同卵双胞胎

近似的教育水平、近似的生活空间，那么为什么两个同卵双胞胎幼儿的心理特点并不相同呢？这是因为，人的心理并不是简单地反映外界事物，而是具有主观能动性。具体来说，主观能动性表现在如下两个方面。

喜欢摄影的幼儿

（1）人能够主动地选择周围的事物。

人们能够依据自身的目的对周围事物加以自主选择。例如：有的幼儿喜欢模仿，有的幼儿喜欢运动，有的幼儿喜欢音乐，有的幼儿喜欢色彩，有的幼儿喜欢摄影等。即便面对相同的事物，每个人的心理反应也各不相同。如"案例4"中的两个幼儿文文和涛涛，他们观察的是同一棵树，但由于文文前几天曾经和一个被烫伤的大姐姐接触过，大姐姐被烫伤的皮肤让文文印象深刻，因此，文文在观察树的时候，自然而然地就关注到树皮，并将粗糙的树皮和自己的皮肤做对比。涛涛活泼好动，他喜欢摸一摸、碰一碰各种物体，当他看到高大的树木，就很想爬上去，亲自体验爬

树的感觉，涛涛还想看看高高的树上有什么。文文和涛涛会根据自己的经验、兴趣、情感、需要等个人因素，主动对所见事物的不同方面加以选择，并根据自己的选择反映出对事物不同的态度和结果等，他们的反应都带有个人主观的色彩。前文提到的同卵双胞胎幼儿的心理发展也是如此，双胞胎会根据他们自己的选择，对事物产生不同的反应，从而形成各种不同的心理特点。

（2）人能认识自己和世界，支配调节自身行为，反过来改变自己和世界。

例如，当天气炎热时，幼儿能自己找电风扇来给自己降温；当被批评时，他们能主动调控自己的行为，避免再次被批评。幼儿能主动通过调节和支配自身的行为，对周围的环境产生相应的反应。随着人对周围世界认识的不断加深，人还能主动地改造周围世界，例如：人能够建造城市，发明飞机、火箭、冰箱、彩电，烹饪美食等，通过对周围环境的改造，不断改善人类自身生活状况，这些都是人的主观能动性的表现。总之，人能通过认识自己和世界，支配调节自身行为，反过来又能对自己和世界加以改造，满足人自身的各种需要。

热了就吹电扇的幼儿

促进幼儿脑和心理发展的方法 ••••••

幼儿的大脑和心理都处于不断的发展之中，具有较强的可塑性。幼儿教师可以采取以下方法促进幼儿脑和心理的发展。

幼儿自主游戏

1. 引导幼儿多接触各种事物

由于幼儿的心理和脑都未发育完善，让幼儿多接触各种事物，不但能促进幼儿大脑的发育，还能够丰富幼儿的心理内容，有利于促进幼儿的身心发展。

2. 了解并尊重每一个幼儿

因为心理具有主观能动性，幼儿对事物的选择各不相同，每位幼儿在不同的选择中逐渐形成自己独特的心理特点，幼儿对自己建立起不同的自我认识。幼儿教师要尊重幼儿的个体差异，尊重幼儿自身的选择，例如：依据

幼儿不同的兴趣进行分科、分层教育，让幼儿自主选择游戏区等，促进幼儿心理健康和全面发展。

3．利用活动促进幼儿心理发展

幼儿的心理是在活动中逐渐形成并发展完善的。他们在活动中获得知识经验，又在活动中检验知识，再修正知识和经验。在这样的循环过程中，幼儿的心理不断发展变化。因此，幼儿教师要善于利用丰富的活动促进幼儿的心理发展。

思考与实践 ●●●●●●

一、填空题

（1）科学心理学认为，脑是心理的_____，心理是脑的_____，心理是对_____的反应。

（2）人能够_____选择周围的事物。人们能够根据自己的目的对周围事物加以_____。

二、简答题

（1）什么是心理的实质？

（2）为什么要让幼儿多接触事物？

（3）心理的主观能动性有什么具体的表现？

三、实践训练

（1）事先准备好一个幼儿喜欢的动画人物、儿歌或短故事等，然后分别采访大、中、小班幼儿1或2名，请他们看或听，同时观察他们的面部表情、语言、行为，并录制视频。

（2）根据视频，观察不同年龄的幼儿对同一事物所产生出的反应，并分析存在什么相同和不同之处。

专题三 影响幼儿心理发展的因素

案例展示

案例❺ 不同身材的幼儿

案例❻ 动物的关键期

奥地利生物学家劳伦兹先生发现，刚孵化的小动物会紧跟它们第一眼看到或听到的目标活动，并将这个目标当作自己的妈妈。这个现象发生在小动物出生后很短的时间内，劳伦兹先生将这一时间称为"关键期"。右图中的小鸭子在它出生的"关键期"内看到了劳伦兹先生而不是母鸭，于是小鸭子们就将劳伦兹先生当成了自己的"妈妈"，在以后的生活中总是紧紧跟在劳伦兹先生身后。

案例 ❼ "狗孩" 马迪娜

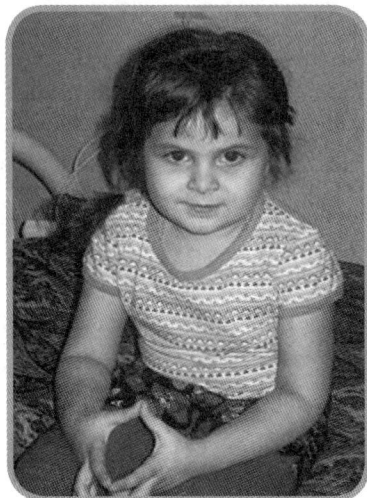

据报道，一名叫马迪娜的3岁俄罗斯女孩，其父离家出走，杳无音信。妈妈安娜是个酒鬼，当妈妈外出酗酒作乐时，有时妈妈会连续"失踪"几天,马迪娜只能和家中的狗一起玩耍。当马迪娜饿得哇哇大哭时，是和马迪娜朝夕相伴的狗四处找来食物供马迪娜果腹。由于大多数时间都与狗为伍，马迪娜的生活习性也渐渐变得与狗相似。她全身赤裸，喜欢四肢着地爬行，她喜欢像狗一样啃肉骨头，当有陌生人靠近时，她还会像狗一样呲牙咧嘴并发出汪汪的吠叫声，并且马迪娜还像狗一样喜欢打架。碰到寒冷的天气，马迪娜还会和狗紧紧地依偎在一起互相取暖。当妈妈坐在桌子前吃饭的时候，她任由女儿马迪娜在地板上爬行，和狗一起争食丢弃到地上的肉骨头和剩饭。当地其他孩子都拒绝和马迪娜玩耍，因为马迪娜除了会说"是"和"不"外，根本不会说其他话。马迪娜后来被警方接走，送交社会福利部门进行监护。据医生称，尽管马迪娜整天与狗为伍，但除了不会说话外，她的身体还算健康，智力还算正常。

案例 ❽ 不同地区幼儿的生活场景

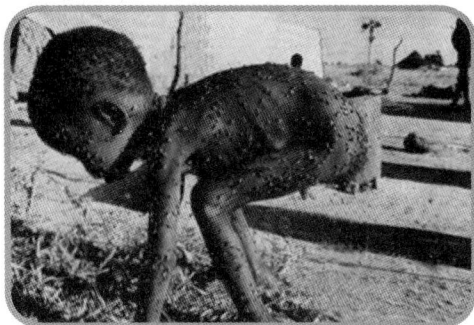

全身布满苍蝇的非洲幼儿

童工

幼儿园里吃自助午餐的儿童

学习外语的儿童

开动脑筋 ●●●●●

☞ 想一想是什么原因导致"案例5"中的两个小女孩胖瘦不一？

☞ "案例6"中的小鸭子为什么会将劳伦兹先生当作自己的"妈妈"？

☞ "案例7"中的俄罗斯小女孩，为什么3岁了还只会说"是"和"不"，但她智力却基本正常，而狼孩的智力为什么就不正常呢？

☞ 通过观察"案例8"中的图片，说一说这些儿童的生活有何不同？你觉得是什么原因导致这些不同的？

☞ 通过对前面4个问题的回答，你能初步谈谈有哪些因素影响幼儿的心理发展吗？

寻找规律 ●●●●●

这一系列案例反映出幼儿的心理发展受以下因素的影响。

1. 遗传

首先，遗传为幼儿心理发展提供了必需的物质保证。正常人的大脑和神经系统是保证幼儿心理活动产生的最基本的物质前提。

其次，遗传因素是幼儿心理发展差异化的基础，每个幼儿的遗传因素先天就存在不同。"案例5"中的幼儿，一个身材肥胖，一个身材正常，她们的

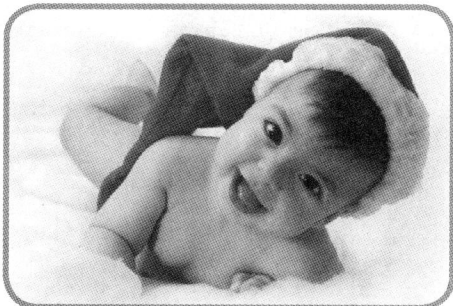

爸爸、妈妈将各自的胖、瘦基因遗传给她们，造成两个幼儿先天就胖瘦不同，身材的先天不同使两个幼儿后天心理发展的不同成为可能。遗传因素除了会让幼儿外貌体征存在先天差异之外，还使得幼儿从一出生就在能力、智力、气质等方面具有先天的差异性，例如，一般认为，幼儿特殊能力的发展受遗传影响较大。具有不同遗传素质的幼儿，心理发展方向也各不相同。幼儿先天遗传因素的不同，是造成幼儿个体差异的基础。

2. 生理成熟

生理成熟是指幼儿身体发育的程度和水平。幼儿出生之后，身体就在不断地生长发育。例如，幼儿的不同器官的成熟时期和速度是有其特定顺序和规律的，俗语说的"三翻、六坐、七爬"就是说幼儿身体是按"从上到下"的顺序生长发育的。幼儿的生理成熟与幼儿的心理发展之间关系密切。

幼儿生理的成熟度在一定程度上制约着幼儿心理的发展水平。如幼儿3个月能有目的地抓物品，6～9个月能够交替抓物和听懂简单的语言，9～12个月会叫妈妈等。如果幼儿生理不成熟，心理发展也就不成熟。幼儿的心理发展是以生理成熟为基础的，只有生理成熟到一定程度，相应的心理发展才能达到一定水平，幼儿心理发展水平受幼儿生理成熟程度的制约。

奥地利生物学家劳伦兹将对动物生理成熟关键期的研究应用到幼儿心理发展上。他在研究小动物的过程中，首先提出了"印刻"的概念。劳伦兹先生发现，在鸭子、鹅、雁这类小动物出生后的较短时期内，很容易形成一种本能的反应，它们会对最先看见或听见的对象紧紧追随。如"案例6"中追随劳伦兹先生的小鸭子，还有图中追随狗的小鸭子。这些小鸭子似乎将劳伦兹先生和狗当成了自己的"妈妈"，当劳伦兹和狗消失时，小鸭子还会发出悲鸣。人们发现，鱼、羊、狗、猫、狼等动物都有可能出现"印刻"现象。由于"印刻"现象只在小动物出生后一个短时期内发生，因此，劳伦兹把这段时间称为"关键期"。关键期的时间非常短。

后来，心理学家将动物"关键期"概念引入到幼儿心理研究上。在幼儿心理发展中，"关键期"又称"敏感期"，

是指幼儿成长的某个时期，其成熟的程度恰好适应某种行为的发展，最容易学习某种知识、技能或形成某种心理特征，在这个时期幼儿能以最小的付出获得最大的收益。一旦幼儿错过或者失去发展的机会，以后将很难学会。

如"案例3"中提到的"狼孩"，发现"狼孩"之后，人们期待对狼孩进行教育，让他能恢复成为"人"。但后来实践的事实证明，科学家经过数年，采用各种各样的教育方式，始终无法使"狼孩"拥有正常人的心理，原因是"狼孩"出生不久，离开了人类社会环境，生活在了狼群中，错过了人类智力发展的关键期，"狼孩"在关键期内缺失的心理发展内容终身难以弥补，以后无论人们花费多大力气都不能使"狼孩"适应人类的社会生活方式，也无法使其再次拥有人类所拥有的各种智能。

有研究表明，1.5～3岁是幼儿口头语言发展的关键期，2～3岁是幼儿计数能力发展的关键期，3岁是培养幼儿独立性的关键期，4～5岁是幼儿学习书面语言的关键期，3～5岁是幼儿音乐能力发展的关键期，3～8岁是幼儿学习外语的关键期，5～6岁是幼儿数学概念发展的关键期。抓住这些幼儿成长过程中的关键期，能对幼儿的心理发展起到很大的促进作用，错过幼儿心理发展的关键期，会影响幼儿的心理发展，甚至造成许多行为终生都不会有发展的后果。利用好幼儿的心理发展关键期，能对幼儿心理发展起到事半功倍的效果。关键期的存在意味着幼儿心理发展具有潜在的可能性，但若想实现这种潜在的可能性，仅遗传和生理成熟是远远不够的，环境和教育也会产生影响和作用。

3．环境和教育

（1）环境和教育使幼儿先天遗传和生理成熟所具有的可能性变为现实。

遗传和生理成熟使幼儿具有某种心理发展的潜在可能性，但这种潜能未必能变成现实，只有在环境和教育的双重作用下，才能使这种潜能成为幼儿真正拥有的能力。

"案例7"中的俄罗斯小女孩马迪娜，受到妈妈的虐待，整天和狗在一起，马迪娜的许多行为与狗很像。特殊的生存环境，造成马迪娜学习的对象是狗。从马迪娜的经历中能够看出，虽然马迪娜先天具备成为正常人的各种遗传和生理成熟的潜质，但后天没有生活在正常的环境中接受正常的教育，所以她到3岁时还只会说"是"和"不"，语言发展出现障碍，人际关系也出现问题。所以说，幼儿心理需要在遗传和生理成熟的基础上，并在环境和教育的共同作用与影响下才能得到充分发展。

（2）环境和教育制约着幼儿心理发展的方向和水平。

环境对幼儿心理的影响主要指社会生活条件和教育。这两者既制约着儿童心理发展的方向和水平，又决定着幼儿心理发展的个性差异。"案例8"中的幼儿分别来自贫困地区和富裕地区。贫困地区的幼儿受生活和教育条件的制约，有的沦为童工，有的自身生存很

困难；富裕地区的幼儿，不仅拥有良好的生活条件，还能接受良好的教育，因此，两个地区幼儿的心理发展差别巨大。除了同一地区的幼儿间心理发展有差别外，具体到各个家庭，由于每个幼儿的生活条件和可利用的教育资源也各不相同，这些生活条件的不同、教育资源的差异，也会造成不同家庭的幼儿心理之间存在个体差异，从而导致每个幼儿心理发展方向和水平存在差异。

4．幼儿自身心理活动

除了遗传、生理成熟、环境教育之外，幼儿自身的积极主动性等主观因素也不容忽视。幼儿心理发展存在主观能动性，这一特点也是影响幼儿心理发展的重要因素之一。例如，有的幼儿喜欢拉小提琴，有的幼儿喜欢与动物为伴等。幼儿年龄越大，其自身的主观因素对心理发展的影响就越大。

思考与实践

一、填空题

（1）_____、_____、_____、_____是影响幼儿心理发展的四个因素。

（2）幼儿生理成熟程度在一定程度上_____幼儿心理的发展水平。

（3）_____是指幼儿在成长的某个时期，最容易学习某种知识、技能或形成某种心理特征，能以_____，一旦幼儿错过或者失去发展的机会，以后将很难学会。

二、简答题

影响幼儿心理发展的因素有哪些？

三、实践观察

观看动画片《了不起的菲丽西》，观看后完成下列实践内容。

（1）请分析影响菲丽西实现梦想的因素。

① 你认为的影响因素是什么？

② 影片中哪些事实能证明你的观点？

（2）分组讨论分析菲丽西个人的主观因素对其自身发展起到了哪些作用？在影片中至少收集三个事实（如说的话、做的事、采取的行动等）。

实训指导1

一、实训目的

1. 通过观察小、中、大班幼儿入园时的表现，初步建立对小、中、大班幼儿的感性认识，能初步区分不同年龄阶段的幼儿。

2. 对入园时小、中、大班幼儿教师的工作重点和工作方法形成初步感性认识。

二、实训内容

1. 观察入园时幼儿教师的言行

① 小、中、大班教师在幼儿入园时对幼儿说了什么？做了什么？

② 小、中、大班教师为什么这么说？为什么这么做？

2. 观察入园时小、中、大班幼儿的言行

① 小、中、大班幼儿入园时说了什么？做了什么？

② 小、中、大班幼儿在言行上有什么共同特点？

③ 总结归纳小、中、大班幼儿在言行上的不同之处？

三、实训报告

1. 实训报告撰写重点

小、中、大班三个年龄阶段的幼儿在入园言行上的典型区别。

2. 实训报告撰写方式

个人撰写、小组撰写、自由结合撰写等。

3. 实训报告上交原则

可以根据实际情况，采取多种形式灵活完成，充分发挥学生的自主性和创造性。例如，文字可以采用总结、文字论文、自绘观察记录表＋文字分析说明、图形图表、PPT、情景演示、角色扮演、视频编辑，以及其他形式。

幼儿注意的发展规律

第2章

➡ 本章案例学习专题

➡ 本章实训指导

专题一　幼儿无意注意和有意注意的发展特点

一、注意及其种类

案例
展示

案例 9　幼儿注意现象一

小　实　验

1. 看下图，请你先观察2秒，看完后请你盖上图形，然后回答：图中有什么数字？这些数字的总和是多少？

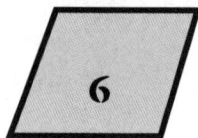

2. 请你不看图形，回答如下问题：这三个图形的形状是什么？各是什么颜色？色、形、数字是如何结合的？

案例⑩ 幼儿注意现象二

教师让芳芳按要求把玩具有规律地摆好，芳芳认真地摆放玩具，很快完成了任务。

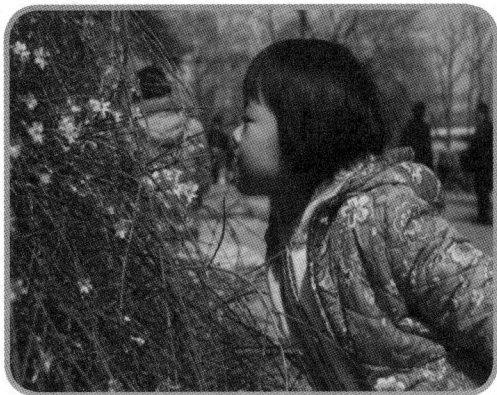

玲玲到公园玩儿，突然看到盛开的迎春花，忍不住走近，用鼻子闻一闻花香。不一会儿，她又看到湖中的野鸭，就去看野鸭了。

开动脑筋 ●●●●●

☞ "案例9"中的幼儿在看、听、记、想过程中共同存在什么心理现象？说明了什么？

☞ 在"小实验"中你对上、下两组问题回答的正确率一样吗？为什么会出现这样的结果？

☞ "案例10"中的芳芳和玲玲的注意一样吗？她们的注意和"小实验"中的注意之间有哪些相似之处？有哪些不同之处？

寻找规律 ●●●●●

   "案例9"中的幼儿在看、听、记、想等过程中，都共同伴随着一个心理现象——注意。幼儿感觉、知觉、记忆、思维、情感、意志等都需要注意的参与。例如，幼儿无论是在做游戏还是完成教师交给的任务时，都离不开注意。离开心理过程而单独存在的注意是不存在的。注意不是一种独立的心理过程，它总是与各种心理过程相伴随而存在的。

既然注意是与各种心理过程相伴随而存在的心理现象，那么到底什么是注意呢？我们在清醒的每一瞬间，心理活动都会选择某个对象，而忽略另一些对象（如"案例9"中的幼儿分别选择了花朵、音乐、图书、问题等作为注意的对象），这就是注意的指向性；当选择某个对象之后，会在该对象上全神贯注（如"案例9"中的幼儿在各自选择的对象上集中精神，专注于他们当下所选择的对象），这就是注意的集中性。而心理活动对一定对象的指向和集中就是注意。

在生活中，注意有不同的表现形式。在"案例9"中的"小实验"中回答"图中有什么数字？这些数字的总和是多少？"这组问题的正确率较高。这是因为，学生按照预先提出的两个问题，在实验过程中集中精力有目的地进行观察思考，积极主动地寻找两个问题的答案，所以对第一组问题的回答正确率高，这样的注意被称为有意注意。从实验中可以发现，有意注意就是按照预定的目的，需要一定意志努力的注意。根据相同原理，"案例10"中的芳芳摆放玩具时，她根据教师的要求专心致志地按照规律摆放玩具，也属于典型的有意注意，教师的要求就是设定的预定目的。

当学生回答"小实验"中第二组问题时会发现，这组问题的答正确率较低，特别是要回答"三个图形的色、形、数是如何结合的？"这一问题时，不少学生感到难以准确回答。这是由于实验时学生的注意力都放在预先设定的第一组问题上，因此回答色、形、数是如何结合的问题时，只能根据实验时不经意间注意到的信息进行回答，这种方式获得的信息往往不完整，所以第二组问题的回答效果不好，这种自然而然发生的注意就是无意注意。从实验中可以发现，无意注意是没有预定目的、不需要意志努力的注意。"案例10"中的玲玲突然注意到公园里的迎春花和野鸭，她是在没有预先的目的和要求、不需要克服什么困难、也不需要什么意志努力的情况下自然而然发生的注意，玲玲的注意属于典型的无意注意。

综上所述，注意是与各种心理过程相伴随而存在的特殊的心理现象，是对一定对象的指向和集中。日常生活中，可将注意分为有意注意和无意注意两种：按照预定的目的、需要一定意志努力的注意是有意注意；没有预定目的、不需要意志努力的注意是无意注意。

思考与实践 •••••

一、选择题

（1）儿童一进商场就被漂亮的玩具吸引，儿童在这一刻出现的心理活动是（　　）。

　　A．需要　　　　　　B．想象　　　　　　C．注意

（2）教师教幼儿学习一首儿歌，一遍一遍地教，幼儿学了一会儿，开始看起了图画书。这是（　　）现象。

　　A．有意注意　　　　B．注意的分散　　　　C．注意的稳定

二、简答题

（1）什么是注意？

（2）什么是无意注意和有意注意？两者有何区别？请举例说明。

三、实践观察

寻找不同年龄阶段的幼儿各1名，连续观察他们3～5分钟，依次观察记录这些幼儿注意的对象是什么，在这个对象上保持了多长时间。

二、幼儿无意注意的特点及影响因素

案例展示

案例⑪ 3岁前幼儿的注意

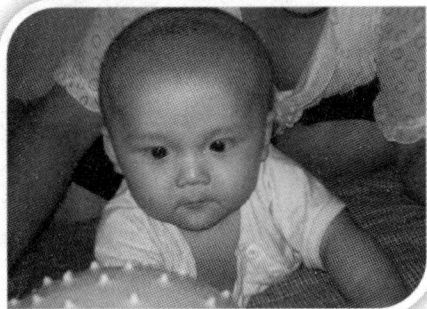

幼儿被黄色球吸引

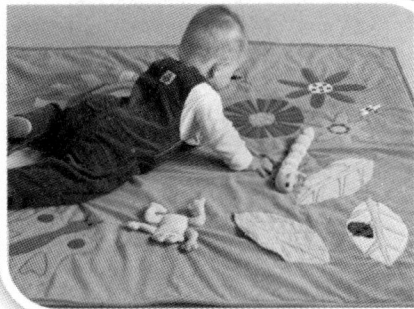

幼儿被各色图案吸引

案例⑫ 幼儿园里来了外宾

　　早晨，幼儿园里的小朋友们一边听着教师的口令一边做早操，他们的动作很整齐。这时，院子里忽然走进一群穿着五颜六色的衣服、肩背闪光灯、手拿照相机的外宾，小朋友们情不自禁地总是扭头看他们，动作也跟不上节拍了，原来整齐的队形也变乱了……

案例⑬ 容易吸引幼儿无意注意的事物

被鲜花吸引的女孩

黑夜里动物发亮的眼睛

被旋转的陀螺吸引的男孩

和"雕像"跳舞的小姑娘

案例⑭ 闪动的"光斑"

午饭时，幼儿园王老师发现天天对着房顶笑。王老师观察发现窗外的花坛里有块镜子的碎片，受到阳光的照射，将光反射到屋内的天花板上。镜子反射的光受到窗外风吹树叶的遮挡，光斑会随着树枝的摇曳变得时大时小，并且一会儿飞到墙壁上，一会儿又飘到了电灯上，天天边看边笑，王老师提醒天天认真吃饭，天天却受到光斑的吸引，午饭都不好好吃了……（后来王老师为防止镜子碎片割伤孩子们，悄悄处理了这块碎片）。

案例⑮ 黄金海滩里的"橡皮鸭子"

幼儿一下子注意到成人腿上的橡皮鸭子游泳圈

案例⑯ 立刻看见了"红苹果"

欢欢到王阿姨家做客，立刻被厨房里的红苹果吸引住

开动脑筋 •••••

☞ "案例11"中，3岁前幼儿的注意属于什么注意？是什么吸引了幼儿的注意？这些事物有什么共同特点？

☞ "案例12"中的幼儿为什么见到外宾，队形就乱了？这是什么注意？反映出幼儿的注意有何特点？

☞ "案例13"中幼儿的注意是什么注意？为什么他们的注意力被吸引走了？

☞ "案例14"中的天天为什么看着闪动的"光斑"，连午餐都顾不上吃了？

☞ "案例15"中的海滩上有各种各样的事物，幼儿为什么立刻注意到成人腿上套着的橡皮鸭子游泳圈？

☞ "案例16"中欢欢第一次到王阿姨家做客，为什么能马上注意到厨房里的红苹果，却没注意到王阿姨家里的其他物品？

☞ 从这些案例中，你能发现哪些影响幼儿的无意注意的因素？

寻找规律 •••••

"案例11"中的幼儿的年龄都在3岁以内。这个年龄阶段的幼儿被黄色的球及鲜艳的图案吸引，很容易引发幼儿的无意注意。这是因为这个时期内幼儿的注意基本上都是无意注意，而且已经相当成熟。

"案例12"中的幼儿本来在做操，注意力却被突然来参观的外宾吸引，无法将注意力保持在应该保持的队形和动作上。这是因为"整个幼儿期的注意是以无意注意为主"。

1．引起幼儿无意注意的客观因素

（1）刺激强烈的事物容易引起幼儿的无意注意

如"案例13"中的幼儿被花坛里颜色鲜艳的大片鲜花吸引，是因为鲜花的色彩鲜艳，视觉刺激强烈。同理，"案例12"中人数众多的外宾身着颜色鲜艳的衣服，强烈的视觉刺激引发了幼儿的无意注意。

（2）对比鲜明的事物容易引起幼儿的无意注意

在"案例13"中，夜色中的动物的一对明亮的眼睛很容易引起无意注意，就是因为明暗对比鲜明的事物容易引起幼儿的无意注意。又如万绿丛中一点红，红绿的颜色对比易

引起幼儿的无意注意。同理，"案例12"中的外宾们身着色彩对比鲜明的衣服，自然也很容易引起幼儿的无意注意。

（3）运动变化的事物容易引起幼儿的无意注意

"案例13"的第3幅图中的男孩和妈妈逛商场，马路很嘈杂，男孩却一下被马路上不停旋转的陀螺吸引了，这是因为运动的事物引发了男孩的无意注意。同理，"案例12"中，幼儿园里走动的外宾、照相机的闪光灯不断闪烁等这些不断运动变化的人与物，都引发了幼儿的无意注意。

（4）新奇的事物容易引起幼儿的无意注意

"案例13"的第4幅图中的小女孩在公园里玩耍时，忽然被从未见过的"穿着大鞋的小孩"的雕像吸引，觉得新奇，情不自禁地与雕像共舞。同理，"案例12"中的幼儿对外宾的外貌感到新奇。这些新奇的事情引发了幼儿的无意注意。

总之，整个幼儿期的注意以无意注意为主。刺激强烈、对比鲜明、运动变化、新奇的事物容易引起幼儿的无意注意。这些由刺激物本身的特点引起的幼儿无意注意的因素，被归纳为影响幼儿无意注意的客观因素。除了客观因素之外，由于幼儿自身状态引起的无意注意则被归纳为主观因素。

2. 影响幼儿无意注意的主观因素

（1）幼儿的兴趣容易引起幼儿的无意注意

"案例14"中的天天被光斑吸引，除运动变化这一客观因素之外，天天的好奇心被光斑诱发出来，所以他看光斑看到了连午饭都不吃了的地步，天天对不断动来动去的光斑非常感兴趣。所以说，兴趣是引发幼儿无意注意的主观因素之一。

（2）幼儿的知识经验影响幼儿的无意注意

幼儿熟悉或见过的事物容易引起他们的无意注意。"案例15"中在黄金海滩上玩耍的小女孩，她没有被海滩上各种各样的新奇事物吸引，却一下注意到成年男子腿上的橡皮鸭子游泳圈，这是因为小女孩身上套有一模一样的橡皮鸭子游泳圈，对她来说是熟悉的事物，所以她才马上注意到成年人腿上的橡皮鸭子游泳圈。这说明幼儿经常玩的玩具等熟悉事物，容易引起幼儿的无意注意。对不熟悉的事物，如成人看的杂志、科技书籍、新闻广播等，较少能引起幼儿的无意注意。这说明幼儿的知识经验影响幼儿的无意注意。

（3）幼儿的需要影响幼儿的无意注意

"案例16"中第一次到王阿姨家里玩的欢欢，没有被王阿姨各种各样的物品吸引，却立刻被桌子上的红苹果吸引，忍不住张嘴去吃，是因为她此刻感到有点"饿"了，红苹果可以满足欢欢的生理需要，因此她一下子就注意到了红苹果而不是其他事物。

（4）情绪情感引起幼儿无意注意

"案例14"中的天天冲着房顶上的光斑开心地笑，说明光斑除了让天天感到好奇之外，还引发了天天愉快的情绪体验，愉快的情绪让天天精神饱满，激发了天天花更多的时间注意光斑，这说明情绪会引起幼儿无意注意。

综上所述，幼儿的兴趣、需要、生活经验、情绪情感等来自幼儿自身的主观因素也是引发幼儿无意注意的影响因素。

培养幼儿注意的方法 •••••

幼儿教师可利用幼儿无意注意的特点吸引幼儿的注意。

1．采用生动有趣、新颖的方法教育幼儿

"案例12"中的教师发现幼儿注意力被外宾吸引后，可以引导幼儿做个小游戏或运用富有变化的语气语调等教学手段马上讲个小故事等，将幼儿的无意注意引导到眼下需要完成的事情上来。幼儿教师要善于利用引起幼儿注意的各种因素，将它们有机、合理、科学地融入实际教育活动的各环节中，帮助提高幼儿的注意力。

2．选择和制作色彩鲜艳、对比鲜明、生动活泼、变化新奇的玩具和教具

具有这些特征的事物符合幼儿无意注意的特点。如下图中的幼儿教师，在教育活动中遵循幼儿无意注意的心理发展规律，采用生动有趣的教具，使得幼儿的注意力保持集中，帮助幼儿注意教育活动目标。

3．在教育过程中调动幼儿各种主观因素

例如，教师可以激发幼儿的学习兴趣、保持幼儿良好的情绪状态、满足幼儿的积极需要等。"案例14"中的幼儿园王老师发现天天对光斑感兴趣时，看到其他幼儿也很好奇，她随后组织幼儿们做关于光反射、折射的科学小实验，并让小朋友亲自动手。王老师讲解光反射、折射的原理时，通过有机地结合各种因素，培养了幼儿的良好注意力，丰富了幼儿的知识，开发了幼儿的智力。

4．选用幼儿熟悉或者见过的事物进行教育活动

例如，在教育活动中，有时会出现教师希望幼儿注意某事物，而幼儿注意不到的现象。出现这种现象的原因往往是由于幼儿从未接触过这类事物，缺乏这方面的知识或经验。因此，幼儿的注意效果差。针对这种现象，幼儿教师需要引导幼儿先学习这方面的相关知识，再呈现新的教育内容，幼儿对先前注意不到的事物的注意力往往会有所提高，这样逐渐就能够达到预期的教育效果。

思考与实践 ●●●●●

一、选择题

幼儿将一杯水打翻在地发出巨大的响声，引起大人的注意，这属于（　　　）。

A．刺激物的对比　　　　B．刺激物强度　　　　C．刺激物新奇

二、简答题

（1）吸引幼儿无意注意的条件是什么？

（2）幼儿无意注意的发展特点是什么？

三、实践训练

（1）在幼儿园参观、实践时，观察幼儿第一眼见到你们这些见习的学生时的不同行为表现，有条件的可以录音、录像。

（2）根据录像写出幼儿当时的行为、动作、语言的表现。

（3）分析这都属于什么注意？体现幼儿的什么注意特点？

三、幼儿有意注意的特点

案例⑰ 幼儿园教育活动

教师带领幼儿做光学实验 　　　　大班幼儿户外活动

案例⑱ 找"彩虹"

　　一天，中一班的小朋友喝水时忽然发现玩具柜上有"彩虹"。"多漂亮的彩虹啊！"孩子们纷纷地说。过了一会儿，孩子们发现彩虹没有了，就开始寻找，"在灿灿的裤子上"，于是幼儿又用身体去接彩虹。这时教师问："怎样才能让每一个人都有彩虹呢？"随后，教师请每一位小朋友尝试想出能留住彩虹的方法，并和孩子们一起画起彩虹来。

开动脑筋 •••••

　　"案例17"中的幼儿是什么注意？从这两项教育活动中，你能发现幼儿的注意有什么相同之处吗？

👆 "案例18"中的幼儿都有哪些注意？小朋友的注意是怎样发生变化的？对于教师的做法，你有什么看法？

寻找规律 ●●●●●

"案例17"中左图中的一组幼儿在教师的带领下观察光的聚焦现象，右图中的一组幼儿按照教师的要求双腿夹球。两组都是幼儿园大班的孩子。相对于小、中、班幼儿，大班的幼儿能够按照教师的要求有目的地进行较长时间的注意，幼儿园大班幼儿的有意注意比小、中班幼儿有了一定的发展。

"案例18"中的中一班幼儿在寻找"彩虹"的开始阶段是属于典型的无意注意。教师及时捕捉到了教育契机，顺势向全体幼儿提出问题，"怎样才能让每一个人都有彩虹呢？"引导小班幼儿从无意注意向有意注意转换。幼儿教师很好地把握住了幼儿注意的特点：幼儿以无意注意为主，有意注意初步发展。由于幼儿有意注意的目的性和自我控制力差，所以他们的有意注意需要成人的组织、帮助和提醒。"案例18"中的幼儿教师及时捕捉幼儿生活中的教育契机，成功地通过问题，将幼儿的无意注意转变成了有意注意，并让每一位小朋友尝试自己想出能留住彩虹的方法，不但自然地导入了教育内容，培养了幼儿的有意注意，其中还渗透了对幼儿创造性思维的培养。教师充分地利用了幼儿注意发展的特点，将幼儿生活中的一次无意的偶然行为，转变成为一次有意注意，转变成了一个充满趣味和创意的教学活动，显示出这名幼儿教师深厚的教育功底。

培养幼儿有意注意的方法 ●●●●●

"案例18"中的幼儿教师精通幼儿心理特点，并能依据实景自如地将幼儿的偶然行为有意识地融入幼儿园实际教育活动中。除了"案例18"中幼儿教师采用的培养方法外，还可以采用以下的方法培养幼儿的有意注意。

1. 有意注意和无意注意交替进行

在教育活动中遵从幼儿心理发展规律，让有意注

意与无意注意相互交替，能更好地促进幼儿的有意注意的发展。

2．开展丰富多彩的活动

幼儿的有意注意是在活动中发展起来的。例如，有的幼儿园教师为幼儿提供半成品的游戏材料，让幼儿自由选择游戏主题、材料和伙伴，在各种各样丰富多彩的活动中，促进幼儿注意力、思维力、创造力等的全面发展。

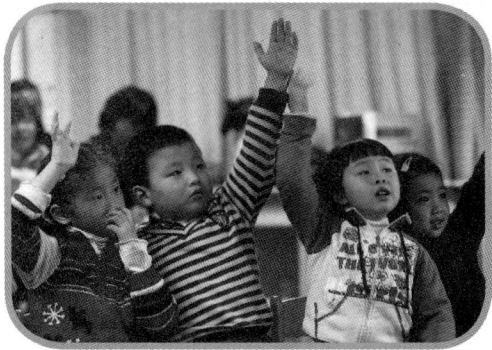

3．明确活动目的

心理学对幼儿注意力的实验研究显示，对幼儿活动的目的要求越明确，幼儿注意维持的时间越长。幼儿有意注意是需要幼儿根据活动的目的，自己主动控制自己的注意，因此明确幼儿的活动目的，能够促进幼儿更好地完成教育活动。

4．教师善于进行言语指导和提示

成人的言语指导可以帮助幼儿维持注意，如教师提问、教师导引、采用幼儿能够理解的言语进行教育活动，将教育活动内容和幼儿已有的经验有机结合等方法，都能较好地吸引幼儿的注意，提高幼儿的有意注意。

思考与实践 •••••

一、简答题

（1）幼儿有意注意的发展特点是什么？

（2）幼儿有意注意的产生条件是什么？

二、实践训练

（1）请你再次阅读"案例18"并回答以下问题。

①分析"案例18"中幼儿的注意各是什么注意？

②教师都做了哪些安排？这样做的目的是什么？

③请你对这位教师的行为做出评价？

（2）请模仿"案例12""案例18"中对幼儿言行进行记录的方式，自己在生活中选取一名上幼儿园的小朋友。观察记录他的言行，并根据你观察到的言行分析这名幼儿的注意特点。

专题二　幼儿注意分散的原因

案例⑲　"溜号"

　　教师正在讲故事，4岁的明明刚开始时还能认真地听，突然，一只小猫跑进来，明明的眼睛立即随着小猫转，注意力都放在小猫身上了。其后教师又带小朋友们到户外观察桃树。教师正讲解时，邻近树上传来小鸟的叫声，明明马上开始寻找小鸟……明明学习时总爱"溜号"。

开动脑筋 ●●●●

　　☞　什么原因导致了明明听课时总爱"溜号"？

　　☞　明明身上发生的这些现象正常吗？请谈谈你的理由。

　　☞　如果你是幼儿教师，你打算如何对明明的妈妈解释明明听课时爱"溜号"这件事？

寻找规律 ●●●●

　　这是幼儿注意分散的现象。注意的分散是指幼儿的注意离开了当前应该指向的对象，被与当前活动无关的刺激物吸引的现象。也就是俗话所说的"三心二意"。一般来说，引起幼儿注意分散的原因有以下几点。

　　1. 无关刺激的干扰

　　幼儿无意注意占优势，因此凡是能影响幼儿

无意注意的事物，只要与教育活动目的无关的，都可变成无关的多余刺激。案例中的小猫和小鸟对于正在听课的明明来说属于无关刺激，这些无关刺激引发了明明的注意分散。

2．幼儿注意转移的能力差

幼儿不能很好地进行无意注意和有意注意两者之间的转换，幼儿注意的转移能力差。

注意的转移是指根据任务主动、及时地从一个对象或一种活动转移到另一个对象或另一种活动中。成人能够根据任务及时主动地在两种注意之间进行转换，而幼儿注意的转移能力较差，所以一旦事先所进行的主题或活动被其他事物干扰后，幼儿往往很难回到之前应该注意的事物或活动上去。假如课堂上突然出现了小猫或小鸟，成人也会暂时被小猫或小鸟吸引，由于成人注意的转移能力强，成人可以及时将注意转回课堂中，而案例中的明明就很难做到。

防止幼儿注意分散的方法 ●●●●●

幼儿教师可以从以下几个方面预防幼儿的注意分散。

1．尽量避免出现无关刺激的干扰

幼儿园环境布置不宜过分繁杂，教室环境要清洁，教具不宜过多，也不宜过分新奇等。

2．培养幼儿有意注意和无意注意相互转移的能力

利用新颖、对比鲜明、运动变化的玩具或教具吸引幼儿注意，同时明确活动的目的、意义和重要性，对幼儿提出明确的要求，帮助幼儿形成良好的注意转移能力。

3．教学活动形式和方法多样

幼儿教师要选用难易适当的教学内容，避免单调乏味的教学形式，不断激发幼儿的求

知欲和学习兴趣，将幼儿的注意力牢牢地吸引到教师当前的活动中去，这样才能有效防止幼儿注意分散。

4．让幼儿有规律地作息，避免幼儿疲劳

无论是无意注意还是有意注意，都会消耗幼儿的体能，时间过长都会导致幼儿疲劳，引起注意的分散。所以培养幼儿有规律的作息和生活习惯，保证幼儿有充沛的精力和体能进行学习和活动，能有效地防止幼儿注意的分散。

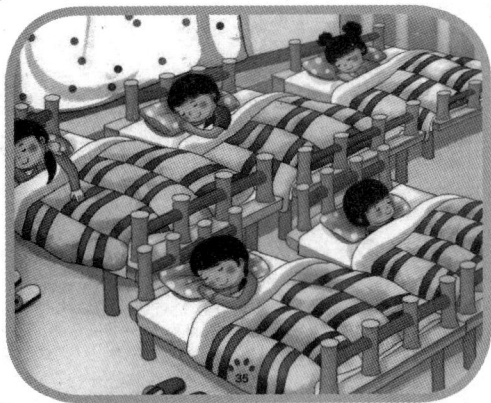

5．培养幼儿坚强的意志品质

幼儿的意志品质高，其坚持性就好，具有这样性格特点的幼儿善于将他们的注意集中在自己需要注意集中的事情上，注意力好。教师要善于利用活动，有目的地培养幼儿优秀的性格和坚强的意志品质。

思考与实践 ●●●●●

一、简答题

（1）引起幼儿注意分散的原因是什么？

（2）怎样吸引幼儿的注意？

二、实践训练

请分析：为什么成年人在听课时遇到小猫或小狗这样的意外刺激时，能很快回到课堂中继续听讲，而幼儿却做不到呢？

专题三　幼儿注意稳定性的发展特点

案例展示

案例 20　幼儿园小班上课实录

刚上课时让全体幼儿观察图片

连续观察3分钟后幼儿交头接耳

？ 开动脑筋 ●●●●●

☞ 幼儿刚开始看图片时的注意力表现如何？ 3分钟后你发现幼儿出现了哪些变化？

☞ 如果将幼儿换成你，你会跟幼儿的表现一样吗？请给出你的分析。

寻找规律 ●●●●●

　　这是幼儿注意稳定性的表现。注意的稳定性是指注意在同一对象或活动上保持时间的长短。从幼儿园小班上课实录中我们发现，教师刚上课时，全班小朋友的注意力都集中在看图片上，3分钟后，教师继续演示图片，这时很多幼儿开始出现东张西望的现象。这是

因为幼儿期幼儿的注意稳定性差。心理学实验研究，在良好的教育环境下，3 岁幼儿能够集中注意 3～5 分钟，4 岁幼儿的注意可保持在 10 分钟左右，5～6 岁幼儿的注意能保持在 20 分钟左右。不同年龄阶段的幼儿，注意的稳定性有明显差异。"案例 20"中的小班幼儿，在观看图片的初期，注意力稳定，但 3 分钟后，幼儿出现了注意分散的现象，这说明注意稳定性受年龄的限制，幼儿年龄越小注意的稳定性越差。

培养幼儿注意稳定性的方法 •••••

教师可以采取以下方法避免幼儿注意不稳定。

1．采用游戏方式能大幅提升幼儿注意的持久性

研究表明，采用游戏的形式，幼儿注意持续的时间大大超过了幼儿不感兴趣的活动所持续的时间。形式单一的活动很容易导致幼儿注意不稳定。例如，"案例 20"中的幼儿教师，发现幼儿出现了注意不稳定现象之后，及时地调整教育的活动形式，请小朋友们先谈谈他们自己喜欢什么花，为什么喜欢，然后带领幼儿开始做"我是一朵花"的游戏，幼儿在游戏中自主选择，感到兴趣盎然。因此他们注意的稳定性保持了较长的时间。

2．将活动时长保持在每一年龄阶段的幼儿适合的时间内

幼儿教师在设计教学活动时，要注意考虑到各年龄幼儿注意的保持时间，避免出现由于活动时间过长引发幼儿注意分散。

3．选用新颖、生动、形象鲜明等注意对象

注意对象的特点要符合引起幼儿无意注意的各种因素特征。

4．让幼儿亲自参与活动，将活动与实际操作结合起来

例如，下图中幼儿很专心地在玩泥塑。当他们的注意与操作相结合时，幼儿注意的稳定性能相对持久。

5. 考虑孩子的健康和情绪状况

如果幼儿身体健康、精神饱满、活动积极时，其注意就容易稳定；如果幼儿有病、疲劳、情绪不佳、活动单调和活动时间过长时，幼儿的注意就不稳定，也不易维持。

思考与实践 ●●●●●

一、简答题

（1）幼儿的注意稳定性特点有哪些？

（2）各年龄段幼儿注意稳定性保持的时间是怎样的？

（3）提高幼儿注意稳定性的方法有哪些？

二、实践训练

（1）选取幼儿园大、中、小班幼儿各一名，观察他们在教育活动中的注意表现，记录他们在某一项活动中注意保持的时间。

（2）分析不同年龄阶段的幼儿的注意稳定性特点。

专题四 幼儿注意分配的发展特点

案例展示

案例21 边吃边聊？

大人在就餐时，可以一边吃饭一边聊天，丝毫不影响进餐，还能通过交谈带来愉快气氛，增进食欲。但幼儿吃饭时，如果注意听别人说话，就会停止吃饭；如果幼儿自己说话，就会把碗筷都放下，甚至还站起来，手脚一起比划。

开动脑筋 ●●●●

☞ 请你分析一下，如果到吃饭时边说边聊，需要同时进行几种注意？

☞ "案例21"中幼儿为什么不能像成人那样边吃边聊呢？

寻找规律 ●●●●

这是幼儿注意分配差的现象。在同一时间内，把注意分配到两种或几种不同的对象或活动上，这就是注意的分配。幼儿一边吃饭一边说话，需要对注意进行分配，可幼儿注意的分配能力较差，小班幼儿注意分配能力更差，他们不能很好地将注意力同时分配到不同的事件上去。因此，幼儿不能做到像成人那样边吃边聊。不过，幼儿的注意分配能力

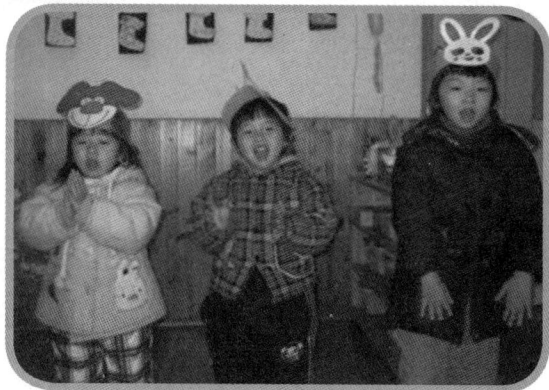

随着年龄的增长会不断地提高。影响幼儿注意分配的因素有以下几个。

1. 同时进行几种活动时，熟练程度越高注意分配能力越好

例如，边弹边唱都达到熟练程度的教师，能一边弹琴，一边范唱，一边将注意力分配到学生身上。边弹边唱不熟练的教师，就无法将更多注意力分配到学生身上。

2. 同时进行的几种活动间建立的联系越密切，注意分配能力就越好

如幼儿表演童话剧时，他们一边做动作，一边说台词，一边还带入自己的情感，表演得声情并茂。这是因为幼儿不但理解了自己所做的动作和台词之间的关系，还理解了故事表达的含义，自然调动出了他们的情感，所以他们在表演时才能达到声情并茂。因此，同时进行的几种活动间建立的联系越密切，注意分配能力就越好。

培养幼儿注意分配能力的方法 ••••••

依据幼儿注意分配的条件可采用如下方法培养幼儿的注意分配能力。

如果要让幼儿注意两件或更多的事情时，其中的一件或几件应该是幼儿能熟练掌握的，或者是在幼儿能力范围之内已经非常熟悉的事物。否则，幼儿的注意活动就不能顺利进行。例如，在开展活动之前，先让幼儿熟悉活动的各个组成部分，然后再对各部分进行演练，逐渐达到熟练或自动化水平，最后将各部分统一起来，幼儿才能较好地完成任务。

教师在组织幼儿活动时，应该首先帮助幼儿理解活动内容与活动形式之间的关系，帮助幼儿提高注意分配的能力。

思考与实践 •••••

一、简答题

（1）简述幼儿注意分配的特点。

（2）简述影响幼儿注意分配的因素。

（3）简述培养幼儿注意分配能力的方法。

二、实践训练

（1）幼儿园里教师在教幼儿新动作时，要先教幼儿学会动作，再配上节拍，最后配上音乐。请你分析：幼儿园教师为什么这样教学？

（2）录制幼儿园小班幼儿在户外集体做操的影像时，观察他们一边做操、一边跟音乐、一边看教师时的表现，再录制幼儿园大班幼儿的表现；然后比较二者的不同之处。请分析：两个年龄阶段的幼儿的注意分配各有什么特点？

专题五　幼儿注意广度的发展特点

案例展示

案例22 按规律排列的教具

开动脑筋 ••••••

☞ "案例22"中幼儿教师一次呈现的教具有何特点？为什么这样呈现？

寻找规律 •••••

　　这是因为幼儿注意广度（也称注意范围）较差。注意的广度是指一个人在同一时间内能够清楚地察觉和把握对象的数量。例如，"一目十行"说明一个人阅读时注意的范围比较广，一眼看去，能注意很多行的文字。幼儿注意范围小，短时内注意不到太多事物，教师要依据幼儿注意的广度特点，在教育活动中一次不要呈现过多的教具，避免幼儿注意不

到，从而保证幼儿的注意集中在教育活动目标上。

培养幼儿注意广度的方法 ●●●●●

（1）活动时任务不宜过多，并且按照任务目的要求有顺序地进行。

（2）教具呈现要有规律地排列，相互之间要有内在的联系，一次呈现的数量不宜过多。

"案例22"中的幼儿教师所呈现的教具按红、蓝规律两两相间、交替排列，这样幼儿的注意广度就会比较好。

（3）帮助幼儿积累知识和经验。随着幼儿的知识和经验不断增加，借助这些经验，可以将事物各部分在脑中组合起来，扩大幼儿注意的广度。

思考与实践 ●●●●●

一、简答题

（1）简述幼儿注意广度的特点。

（2）教师如何利用幼儿的注意广度规律来组织活动？

二、实践训练

（1）请上网收集培养幼儿注意广度的方法。

（2）在幼儿园分别选取不同年龄阶段的幼儿，运用你选取的测试方法，对不同年龄阶段的幼儿的注意广度进行测试。自己设计图表，记录测量数据，并依据数据与学生讨论，分析数据反映的幼儿注意广度的特点。

专题六　幼儿"多动症"

案例㉓　爱动的乐乐

5岁的乐乐，整天闹个不停，很难安稳地坐一会儿，总是不停地动动这个，翻翻那个，甚至走路都是连跑带颠的。在幼儿园里，每节课乐乐至少被教师点名五六次，乐乐出现在哪儿，哪儿就喧闹不已，爸爸说他："除非太阳从西边出来，否则别想让乐乐安静一小会儿。"

开动脑筋 •••••

☞ 你感觉"案例23"中的乐乐怎么了？

☞ 多动症是病吗？多动症幼儿的智商有问题吗？

寻找规律 •••••

多动症又称为"轻微脑功能失调"。多动症儿童大多智力正常，与同龄儿童相比，表现为注意集中困难、注意持续时间短暂、活动过多、冲动等症状。多动症多在3岁左右发病，男童发病人数明显多于女童。

多动症幼儿有以下一些行为表现。

1．注意力集中困难

多动症幼儿的注意力很难集中，表现出注意力集中时间短，不符合幼儿实际年龄的特点。

2．活动过多

无论在任何场合，都处于不停活动的状态，平时走路急促、爱奔跑，经常无目的地乱闯、乱跑，手脚不停地动来动去，不听劝阻。

3．冲动任性

幼儿由于自控力差，高兴时情不自禁，不顺心时发脾气，冲动之下会伤人或破坏东西，喜怒无常，不易合群。

4．情绪易变

多动症幼儿情绪容易冲动，易被激惹或大怒。

5．学习能力差、冲动

多动症幼儿由于注意力不集中等，常出现学习困难。部分幼儿存在知觉活动障碍，动作不灵活。

根据上面所描述的"多动症"的特点，"案例23"中爱动的乐乐属于"疑似多动症"。

幼儿教师处理"幼儿多动症"的原则 ●●●●●●

发现疑似多动症之后，幼儿园教师要及时与家长进行沟通。

1．多动症不是家长或教师能随便下结论的

注意力不稳定只是其中一个方面的表现，不能因一两个特征就给幼儿冠以"多动症"的标签。

2．去正规医院专科检查确诊

对幼儿进行医学临床诊断、神经系统检查、心理测验等专业检查，建议家长去正规医院的专科进行科学全面的医疗诊断，由专门的医疗权威机构认定。教师要审慎对待幼儿的多动现象，既不能轻率地把幼儿的爱动、多动现象归为多动症，也不能忽视幼儿注意的异常表现。

思考与实践 ●●●●●

一、简答题

幼儿"多动症"的特征表现有哪些方面？

二、实践训练

请你上网收集幼儿"多动症"的处理方法。

实训指导2

一、实训目的

1. 观察记录小、中、大班教师和幼儿在教育活动中的言行；区分出小、中、大班幼儿注意的各个年龄的典型特点。

2. 观察记录小、中、大班教师在教育活动过程中采用的手段。初步概括出这些手段所依据的幼儿注意原理。

二、实训内容

1. 在小、中、大班各选取一节教育活动课，观察记录幼儿教师和幼儿的言行表现。

（1）开始环节

① 观察记录小、中、大班教师在教育活动开始时，对幼儿说了什么、做了什么，以及小、中、大班幼儿对此做出的言行反应。

② 观察记录小、中、大班教师从开场白到全体小朋友进入注意集中状态时所需时长。记录这段时间里幼儿注意集中人数的变化过程。

（2）教育活动中间环节

① 观察记录小、中、大班教师使用了哪些教育方法和手段，以及这些教育方法和手段对幼儿言行造成了哪些相应影响。

② 观察记录小、中、大班教师在教育活动中提供了哪些教材、教具，以及这些教材、教具的突出特点是什么，讨论归纳原因是什么。

2. 观察记录小、中、大班教育活动的"总时长"。采访幼儿教师小、中、大班平均授课时间，讨论为什么如此设定。

三、实训总结

1. 实训总结撰写重点

结合小、中、大班幼儿在教育活动开始环节中的言行表现，分析三个年龄阶段幼儿注意的特点。

绘制小、中、大班幼儿注意稳定性时间图。

根据小、中、大班幼儿教师采用的教育方法和手段的心理学依据，尝试概括三个年龄阶段教师在教育方法和手段上存在哪些差别。

2. 实训报告撰写方式

个人撰写，小组撰写，自由结合撰写等。

3. 实训报告上交原则

可以根据实际情况，采取多种形式灵活完成。充分发挥学生的自主性和创造性。例如，可以采用文字总结、文字论文、自绘观察记录表＋文字分析说明、图形图表、PPT、情景演示、角色扮演、视频编辑或其他形式。

第3章 | 幼儿感知觉发展规律

➡ **本章实训指导**

专题一　感知觉对幼儿心理发展的作用

案例展示

案例㉔ 餐巾纸"画画"

　　教师在计算机创意绘画活动中，发给每个幼儿一张餐巾纸请他们任意折叠，然后请每个孩子来说一说他折叠后的餐巾纸像什么。随后教师挑选有代表性的折叠作品进行扫描，作为幼儿上机素材。孩子们经过想象，把一张张普通的餐巾纸变成了"蝴蝶""小鱼""芭比娃娃""球鞋"等。

开动脑筋 •••••

👉 "案例24"中的幼儿教师为什么要在计算机绘画前，先让幼儿折叠餐巾纸？

👉 如果不经过这个步骤，会有什么结果？

寻找规律 •••••

　　"案例24"反映出幼儿教师利用幼儿的感知觉特点，并将这些特点运用到实际案例教学中，帮助幼儿进行一系列高级心理活动。感知觉是一切认识活动的起点，以感知为基础，幼儿的记忆、思维、想象、情感、意志、行为等一系列高级的心理过程才得以顺利进行。

　　什么是感觉？感觉是人脑对直接作用于感觉器官的客观事物个别属性的反映。简而言之，即人的感觉器官接受外部刺激并将信息传达到大脑的过程。

　　知觉是人脑对直接作用于感觉器官的客观事物整体属性的反映，是大脑对感觉信息解释的过程。

　　在现实生活里，人一旦感觉到某一事物的个别属性时，马上就知觉到该事物的整体及

内在联系，所以人们常把感觉和知觉合称为"感知觉"。

1．感知觉在3～6岁幼儿认识世界活动中占有重要的地位

幼儿借助于事物的个别属性，如大小、形状、颜色、气味、声音等来认识世界、感知万物。

2．感知觉影响幼儿的记忆

幼儿对直接感知过的形象的记忆比对语词的记忆效果要好。如"案例24"中的幼儿，通过亲自动手折叠餐巾纸，餐巾纸在幼儿的直接操作中变换成不同的形状。幼儿在直接感知操作的基础上将折叠出来的图案保存在头脑中，为更高级的心理活动打下基础。

3．感知觉影响幼儿的思维和想象

思维和想象是心理过程的高级阶段。例如，"案例24"中的幼儿通过感知操作餐巾纸，在自身操作过程中说出像什么之后，形成了初步想象的结果。教师随后将有代表性的折叠作品导入计算机，作为上机素材提供给幼儿，帮助幼儿进一步进行思考，并为更高级的想象提供了可供参考的图形。当幼儿再次进行加工和想象时，绘制出了"蝴蝶""小鱼""芭比娃娃""球鞋"等。这都体现出幼儿是依据直接感知对事物的形象进行思考想象的，他们的思维和想象是在感知觉的基础上发展起来的。

4．幼儿情绪、意志和行为也直接受感知觉的影响

如"案例24"中的幼儿利用计算机绘制作品时，随着操作的进行，计算机图形相应地发生各种变化，幼儿的情绪也随之发生变化，他们有时兴奋，有时厌烦，幼儿的绘画行为常常随情绪的转变而转变，甚至有的幼儿看到其他幼儿的作品之后，会放弃自己的作品，开始模仿其他幼儿。这些现象均说明感知觉常常会直接影响幼儿的情绪、意志和行为。

因为感知觉是一切认识活动的起点，所以它将影响幼儿的记忆、想象、思维、情绪、意志、行为等诸多方面。"案例24"中的幼儿教师遵循此规律，让幼儿在折纸的过程中动眼、动手、动脑、动口，充分调动身体的各种感觉器官参与认识事物的活动。在幼儿感知的基础上，再让幼儿进行较高级的心理活动，幼儿就能较顺利地完成任务。

小知识

"感觉剥夺"实验

感知觉是人类认识世界的开端，如果感觉缺失会发生什么事情呢？1954年，加拿大麦克吉尔大学的心理学家首先进行了"感觉剥夺"实验：实验时，为阻断视觉，给被试者戴上半透明的护目镜；采用空气调节器发出的单调声音来阻断听觉；给被试手臂戴上纸筒套袖和手套，以及用夹板固定腿脚来限制触觉。几小时后，被试者

开始感到恐慌，进而产生幻觉……随时间的延续，症状开始加剧。连续实验七天后，被试者产生错觉、幻觉、注意力涣散、思维迟钝、紧张、焦虑、对刺激过敏、恐惧、自我暗示性增高等经典的病理心理现象。实验结束后，被试者数日后才恢复正常。

感觉剥夺实验表明：人的感觉被剥夺后，会出现不同程度的心理功能损伤。这说明人的脑发育、心理成熟是建立在和外界事物大量接触的基础上。在社会化的过程中感受与外界的联系，人的心理才能更好地获得发展。

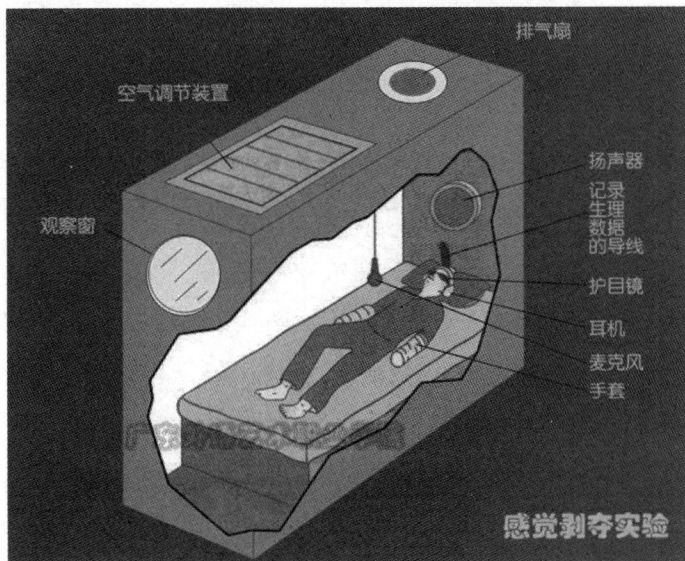

思考与实践

一、判断题

（1）幼儿听到王教师的脚步声，这属于感觉。　　　　　　　　　　　　（　　）

（2）幼儿的思维、情绪、意志不用借助感知觉能单独进行。　　　　　（　　）

二、实践训练

（1）上网或下园收集0～2岁、3～6、7岁两个年龄阶段的幼儿利用感官探索世界的影像。

（2）选取典型有代表性的片段分小组交流。

观察两个时期的幼儿都利用了哪些器官来探索世界？它们的相同之处和不同之处是什么？

专题二　幼儿感觉的发展特点

　　人类的感觉分为外部感觉和内部感觉。外部感觉包括视觉、听觉、味觉、嗅觉、触觉。内部感觉包括运动觉、平衡觉、机体觉。下面重点介绍幼儿的视觉、听觉和触觉的发展特点。

一、幼儿视觉发展特点

案例㉕　幼儿读物和成人读物

案例㉖　抱"彩色宝宝"

　　教师带领小班幼儿学习颜色，做和红、黄、蓝三色"颜色宝宝"拥抱的游戏，小朋友们根据教师的要求抱起相应的"颜色宝宝"，有的幼儿很快能抱起，有的幼儿却举棋不定。同样的游戏，大班的幼儿能准确、迅速地抱起相应的"颜色宝宝"。

案例㉗ 我会摆，但我不知道……

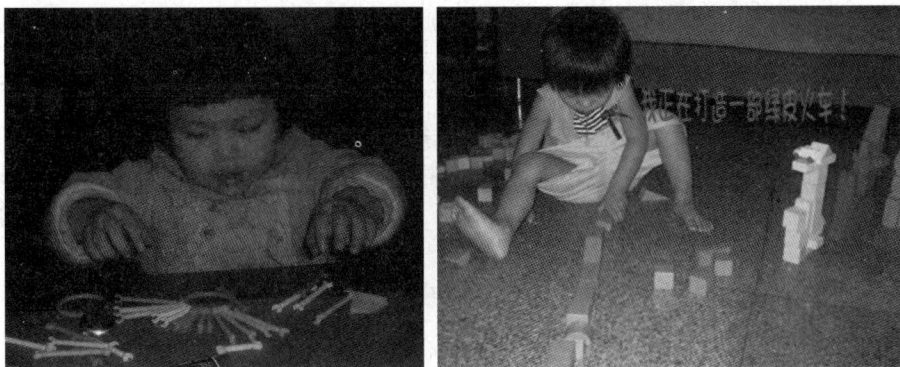

图中的两个小朋友按照积木的颜色，摆出了她们各自喜欢的形状。左图中的小女孩按照不同的颜色分类摆出一套钥匙串，右图中的小女孩摆出了一辆"绿皮火车"、一匹"黄色的马"。但当教师问她们正在摆的积木是什么颜色时，她们能说出部分颜色名称来，另外一部分颜色的名称就说不出来了。

开动脑筋 ●●●●

☞ 通过观察，你能发现"案例25"中幼儿读物和成人读物有什么不同吗？是什么原因导致两者之间的不同？

☞ 你觉得是成人视力好，还是幼儿视力好？谈谈你的根据。

☞ "案例26"中为什么小班幼儿举棋不定，大班幼儿却能迅速地抱起"颜色宝宝"？

☞ "案例27"中的幼儿为什么能够根据积木的颜色进行分类，却说不出积木的颜色？

☞ 幼儿颜色视觉发展有何特点？

寻找规律 ●●●●

人类约80%的信息是通过视觉传递给大脑的，视觉在人类的日常活动中占据重要地位。幼儿视觉发展主要涉及幼儿视力和颜色视觉两方面的内容。

1. 视力

在学习幼儿视觉发展特点之前，请大家思考：是幼儿的视力好，还是成人的视力好？

想要准确地回答这个问题，学生们首先要清楚什么是视力。视力也称视敏度，即视觉的敏锐程度，指幼儿分辨细小物体或远距离物体细微部分的能力。一般情况下，1.0 的视力是正常的。有人认为，幼儿年龄越小，视力越好。研究表明，事实并非如此。心理学家们对 4～7 岁幼儿的视力进行了测量，他们检测幼儿看出某一圆形图上的缺口所需的平均距离，结果显示：4～5 岁幼儿的平均距离为 2.1 米、5～6 岁的则为 2.7 米、6～7 岁的则为 3 米。而成年人的平均距离是 5 米。由此可见，随着幼儿年龄的增长，他们的视力不断提高。3～5 岁是幼儿视力提高最快的时期，6 岁幼儿的视力已经接近成人。实验证明，幼儿的视力没有成年人好。根据幼儿视力发展的特点：幼儿年龄越小，视力越差，为了保护幼儿的视力，幼儿读物中的图和字都会比成人读物的大。

2. 颜色视觉

除视力之外，幼儿颜色视觉的发展也是幼儿视觉发展中的重要组成部分。据实验研究表明，幼儿的颜色视觉发展有如下特点。

（1）幼儿初期（3～4 岁）

幼儿初期已能初步辨认红、橙、黄、绿、蓝等基本色，但在辨认紫色等混合色和天蓝等近似色时，往往较困难，难以说出颜色名称。"案例 26"中的小班幼儿不能按照教师的要求抱起"颜色宝宝"，因为要完成这个任务需要幼儿能够根据名称找到相应的颜色，小班幼儿处于"能初步辨认基本色，却对基本色的命名困难"的颜色视觉发展阶段。因此，出现小班幼儿在抱"颜色宝宝"时会出现举棋不定的现象。

（2）幼儿中期（4～5 岁）

幼儿中期能认识大多数基本色、近似色，并能说出基本色的名称。"案例 27"中的幼儿能够根据积木的颜色进行摆放，因为他们能够识别出大多数的基本色和近似色，识别颜色的能力比小班幼儿有了发展。但中班幼儿对颜色的命名还比不上大班幼儿，虽然中班幼儿能够说出基本色，但对混合色和近似色的命名还存在困难。因此，"案例 27"中的幼儿虽然能够依据积木的颜色进行游戏，但教师问她们摆放的积木是什么颜色时，她们却不能对有些近似色和混合色的积木正确地命名。

（3）幼儿晚期（5～6 岁）

幼儿晚期不仅能认识各种颜色，而且在画图时，大班幼儿还能依据个人的喜好调出颜色，并能正确地说出黑、白、红、蓝、绿、黄、棕、灰、粉红、紫等颜色的名称。在"案例 26"中，相同的游戏，小班幼

儿举棋不定，大班幼儿能准确、迅速地抱起"颜色宝宝"，因为大班幼儿对颜色的识别和命名水平已经有所发展，能很好地区分出红、黄、蓝等基本色，还能够运用颜色调出所需颜色，并且能对混合色和近似色进行命名，所以促进幼儿的视觉发展有利于促进幼儿观察力、形象思维能力、空间关系及艺术感受能力等的发展。幼儿教师可以采用以下方法培养幼儿的视觉能力。

培养幼儿视觉能力的方法 ●●●●●

1. 让幼儿在大自然中感受颜色、寻找颜色

让幼儿观察青山绿水、碧海蓝天、夕阳西下、花鸟鱼虫、四季变化等现象。在自然环境中培养幼儿对色彩的感受力，培养幼儿的视觉感受能力。

2. 进行趣味的美术活动

可采用吹画、涂色、染纸、拼图等美术活动，让幼儿认识颜色、了解颜色，促进幼儿颜色视觉的发展。

3. 教师引导

幼儿教师有意识地引导幼儿用心去感受画面的色彩，鼓励幼儿大胆地用各种颜色绘画，不用固定的颜色框架局限幼儿的用色，发展幼儿的审美表现力。

4. 培养幼儿良好的视觉习惯

幼儿的视力不如成人，在幼儿通过视觉探索世界的过程中，成人要保证幼儿在光线充足的环境中读书、写字、画画，从小保护幼儿的视力。例如，对于中、大班的幼儿，要注重培养孩子们良好的坐姿及看东西的好习惯，以帮助幼儿保护视力，避免出现近视等不良现象。

5. 培养幼儿"看"世界的能力

过早地让幼儿进行读书写字，不利于幼儿的视敏度发展。教师在孩子们平时观察事物时，注重教育幼儿观察物体的形状、颜色、明暗变化等方面的能力，通过让幼儿"看"世界，培养幼儿的视觉能力。

思考与实践 ●●●●●

一、判断题

（1）幼儿年龄越小视力越好。 （ ）

（2）小班幼儿不仅能认识各种颜色，而且在画图时，还能运用各种颜色调出需要用的颜色。 （ ）

二、简答题

（1）幼儿视觉发展的特点是什么？

（2）幼儿颜色视觉发展有何规律？

三、实践训练

（1）下园收集大、中、小班三个年龄阶段幼儿的绘画美术作品。

（2）分小组讨论三个年龄阶段幼儿的美术作品中的基本色、近似色的使用比例。

二、幼儿听觉发展特点

案例展示

案例28 "心不在焉"的萌萌

　　幼儿园的张老师发现，对4岁聪明、伶俐的萌萌小声说话时，她往往没有反应，平时对她说什么，常常要大声，但小朋友跟她耳语，她就能听见。老师告诉萌萌去做什么事情，萌萌常表现得很迟钝，不是需要老师反复重复，就是听错老师说的话。张老师多次教育萌萌要认真做事，不要心不在焉，可是效果并不好。

开动脑筋 ●●●●●

👉 为什么"案例28"中的张老师多次教育萌萌做事要认真，但效果不佳呢？

👉 萌萌是真的不认真吗？你能猜出是什么原因让萌萌"心不在焉"的吗？

寻找规律

"案例28"反映出的是幼儿听觉缺陷现象。萌萌只对大声和贴近耳朵说话有反应，对小声说话没有反应。对教师所说的话，有时能按照要求做，有时做不到，而且教育效果不佳，她可能是"重听"。

"重听"是幼儿听觉发展中出现的听觉缺陷现象，表现为有些幼儿对他人的话听不清楚，听不完全，但常常能根据说话者的面部表情、嘴唇动作及当时说话的情境，猜到说话的内容。因此，成人往往容易忽视幼儿的"重听"现象。长此以往，容易造成幼儿的言语听觉、智力等方面发育不良。对于萌萌的"心不在焉"现象，后来经过专家检查，通过对萌萌进行听觉辨别能力的训练，很好地改善了萌萌"心不在焉"的问题。 由此我们能够看出，听觉对幼儿的智力发展具有重要意义。

听觉是人对声波刺激等物理特性的感觉能力，是幼儿探索世界的重要感觉之一。幼儿凭借听觉与人进行交往，感受声音、欣赏音乐，通过声音与人交流获得知识等。

刚出生的新生儿就有听觉，但听觉发展并不完善。幼儿期孩子的听觉发展具有较大的个别差异性，有些幼儿在4岁时还不能很好地区分有着明显差异的声音。但随着年龄的增长，幼儿辨别一般声音的能力不断地发展。研究表明，幼儿在6～8岁辨别一般声音的感受性提高了1倍，到12～13岁，儿童辨别一般声音的感受性逐渐发展成熟。

幼儿时期以言语听觉为主。幼儿从1～3岁开始学习语言，但这个时期的幼儿往往只注意到语言的声音，但对语言代表的内在信息转化困难。所以，常常表现出"只闻其声，不知其意"。2 ～3岁是幼儿口头语言发展的关键期。幼儿进入幼儿园后，能很好地和其他幼儿进行言语交际。随着年龄的增长，幼儿的言语听觉不断发展。到了中班，幼儿能够辨别出语言的细微差别，到了大班，幼儿可以毫无困难地辨别本民族语言包含的各种语音。

保护幼儿听力的方法

幼儿期幼儿的听觉对于幼儿掌握语言和必要的社会技能具有深远的影响，幼儿教师可以从以下几个方面培养幼儿的听觉能力。

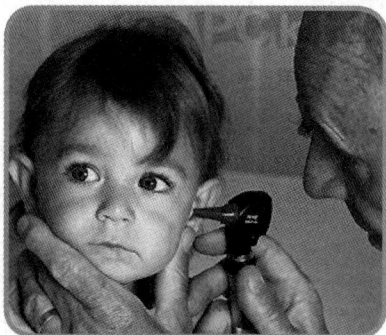

1．注意日常观察和定期检查儿童的听力发展状况

通过日常观察和定期监测与幼儿听力相关的异常现象，观察幼儿是否出现耳疼，能否听清、听全等，及时检查出问题甚至疾病，如小儿"重听"现象、小儿中耳炎等。做到"早发现、早处理"，不要错过儿童发展的最优治愈期，保护幼儿健康成长。

2．避免噪声过大

幼儿园的环境要舒适安静，如果幼儿园中的噪声超过 80 分贝，且长时间处于噪声环境下会导致幼儿听力损伤。

3．教师要加强幼儿的言语交流

幼儿期是幼儿发展语言的关键期，幼儿辨别语音的能力是在言语交际过程中逐渐发展完善起来的。因此，幼儿教师可以根据幼儿听觉的特点，增加幼儿言语交流的机会，如绘声绘色地讲故事、播放轻柔的音乐、打击乐器游戏、多聆听大自然中的声音、帮助幼儿区分相似音、让幼儿当众自我表述、重复别人的言语等，通过这些活动促进幼儿的听觉发展。

思考与实践

一、简答题

（1）什么是幼儿的"重听"现象？对幼儿听力有什么危害？

（2）幼儿言语听觉发展有何特点？

二、实践训练

请上网或到幼儿园收集提高幼儿言语听觉水平的方法？

三、幼儿触觉发展特点

案例展示

案例㉙ 哪个轻哪个重？

教师让中班小朋友用手感知钥匙、积木、橡皮泥哪个轻哪个重？结果，有的小朋友说钥匙重、积木轻；有的小朋友说钥匙轻、积木重；还有的小朋友说积木重、橡皮泥轻……答案众说纷纭。同样的实验，大班幼儿用手感知之后，大部分幼儿能准确地说出三个物体的轻重来。

开动脑筋 ●●●●●

☞ "案例29"中中班幼儿用手感知物体的轻重时有什么现象发生？大班幼儿呢？

☞ 中班幼儿与大班幼儿为什么会出现这样的不同？

寻找规律 ●●●●●

触觉是肤觉和运动觉的结合。借助于触觉，儿童可以感知物体的轻重、软硬、光滑或粗糙等属性。触觉对幼儿认识世界具有重要意义。人一出生就有触觉感受性，就能对物体的粗细、软硬、轻重进行辨别。

触觉与视觉的协调发展对幼儿认识物体具有特殊意义。如儿童发展过程中出现的"眼手协调"能力是婴儿认知发展过程中的重要里程碑，"眼手协调"的出现意味着婴儿开始用手真正探索世界。幼儿期幼儿的视触能力有了进一步的发展，他们已经能很好地协调视觉，能够更精确地反映事物。但幼儿期的儿童视触协调能力具有年龄阶段特点。幼儿园小、中班幼儿看到物体之后，扫一眼，就立刻用手抓起开始玩弄起来。幼儿园大班幼儿，在拿起物体之前，会用一段时间进行仔细观察，然后才会采取行动。

幼儿动觉的感觉性随年龄增长而提高。随年龄的增长，幼儿对物体的大小、轻重和形状等属性的感知错误率不断降低，精确性不断提高。如"案例29"中的幼儿，教师让中班的小朋友用手比较钥匙、积木、橡皮泥哪个轻哪个重，中班小朋友有的说钥匙重，积木轻；有的说钥匙轻，积木重；还有的说积木重，橡皮泥轻。答案有的对，有的错。这是因为幼儿年龄越小，对物体轻重的感知错误率越高，精确性越低。到了幼儿园大班，幼儿判断物体轻重的精确性和准确率不断提高，因此幼儿园大班的幼儿能够比较准确地说出哪个轻哪个重。

幼儿通过触觉区分不同物体之间的差别是从5～6岁之后才开始发展起来。如让幼儿用双手比较两个体积相同但重量不等的物体，3～4岁幼儿往往认为重量是一样的，而5～6岁幼儿就能较准确地指出哪个重哪个轻。

培养幼儿触觉的方法 ●●●●●

1．刺激幼儿皮肤感觉

可刺激幼儿身体不同的部位。例如，洗澡时可以在安全范围内，让孩子感受不同的水温；用刷子、毛巾等刷孩子的手臂、前胸、后背、足部等，力度中等，注意不要用力过大。

2．利用游戏增强幼儿触觉感受能力

如可让孩子平躺在床上，抓挠孩子的腋下、胸口，玩一些和幼儿有身体接触的游戏；或者用粗糙的毛巾等物品将幼儿包裹起来，来回滚压，刺激幼儿身体等；或者让幼儿玩沙土游戏等。

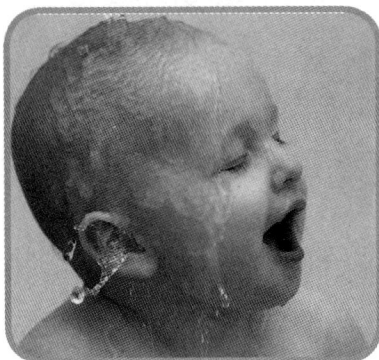

3．有条件的可以让幼儿做垫上游戏

如让幼儿抱头在软垫上前后方向滚动，练习前后翻等。对幼儿的触觉的发展都会有帮助。

思考与实践 ●●●●●

一、简答题

（1）幼儿听觉发展有何特点？

（2）幼儿触觉与视觉的协调发展有何特点？

二、实践训练

请上网收集测量幼儿触觉的方法。

专题三　幼儿知觉的发展特点

　　幼儿知觉发展主要包括空间知觉和时间知觉。空间知觉是对物体大小、形状、距离、方位等空间特性的知觉。它包括方位知觉、距离知觉和形状知觉。时间知觉是对客观现象的延续性、顺序性和速度的反映。

一、幼儿空间知觉发展特点

案例展示

案例30　我们做操

案例31　"掉尾巴"的金鱼

　　教师指导孩子们画小金鱼。教师先让孩子们观察金鱼的形状、颜色等特征，总结出：金鱼有椭圆的身体，两只又大又圆的眼睛，半圆形的鱼鳍，长长的尾巴。之后才让小朋友开始画小金鱼。创作过程中，教师发现齐齐画金鱼尾巴时，尾巴没有和身体连接上，看上去像一条掉了尾巴的金鱼。

案例 ㉜ 幼儿与成人绘画作品

3岁

5岁

6岁

成人

案例 ㉝ 小、中、大班绘画作品

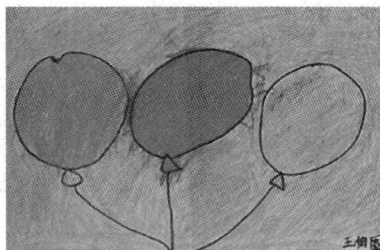

开动脑筋 ●●●●●

☞ "案例30"中教师要求幼儿做动作时伸出左手，幼儿们伸出的是哪只手？

☞ 做示范的教师伸出的是哪只手？为什么会出现这样的现象？

☞ "案例31"中的幼儿为什么在一系列的观察总结后，还是画出了掉了尾巴的金鱼？

☞ "案例32"中的幼儿作品和成人作品有何不同，你认为谁画得更好？为什么？

☞ 幼儿距离知觉发展有何特点？

☞ "案例33"中小、中、大班幼儿的绘画作品中出现了哪些形状？

☞ 你能尝试发现小、中、大班幼儿形状知觉发展的规律吗？

寻找规律 ●●●●●

1. 方位知觉

方位知觉是指一个人对物体的空间位置的知觉，包括辨别上、下、前、后、左、右、东、西、南、北、中等的知觉。幼儿方位知觉的发展趋势如下。

（1）3岁幼儿开始辨别上、下方位。如右图中的幼儿绘画作品，作品中的幼儿正下楼梯，显示出这个阶段的幼儿已经有较好的上、下空间感。

（2）4岁幼儿开始辨别前、后方位。

（3）5岁幼儿开始能以自身为中心辨别左、右方位。

（4）6岁幼儿虽然能完全正确地辨别上、下、前、后四个方位，但对左、右方位的相对性辨别仍感困难。

例如，"案例30"中的幼儿教师要求幼儿出左手，由于6岁幼儿对左、右方位的相对性辨别依旧困难，为了避免幼儿左、右不分，教师进行了"镜面示范"——她的动作与幼儿动作的方向一致。但"案例30"中的小朋友们是围成圆圈做动作，幼儿和教师所站的相对位置就出现了不同，当教师要求伸出左手时，幼儿对左、右相对性关系的认识原本就感觉到困难，再加上幼儿与教师站立的相对位置不同，因此有的幼儿伸出左手，有的幼儿

伸出右手。"案例30"出现的现象反映出了幼儿的方位知觉发展特点。

2．距离知觉

距离知觉是辨别物体远近的知觉。"案例31"中的齐齐距离知觉尚未发展完善，对物体距离、位置大小缺乏准确的把握。因此，齐齐画了一条看上去掉了尾巴的金鱼。"案例32"中幼儿绘画作品中的房子、树、花、草、蝴蝶大小比例差不多，且人物头大身体小，不符合现实生活中事物的距离和比例关系。而成人的距离感发育完善，成人的绘画作品层次分明。这些说明幼儿不能准确感知空间距离，不懂得近大远小、近物清楚、远物模糊等空间原理，所以幼儿作品会出现远近大小不分、缺乏层次感、大小比例关系失衡等现象。

 小知识

"视崖"实验

"视崖"实验是发展心理学的经典实验。它由美国心理学家沃克和吉布森（左图）设计首创。他们用不同的图案造成"悬崖"的错觉，但在图案的上方覆盖玻璃板。2～3个月大的婴儿放在"悬崖"边时心跳速度会减慢，能够体验到物体的深度；当6个月大的婴儿放在玻璃板一侧，妈妈站在另一侧召唤婴儿时，婴儿拒绝爬过"悬崖"，纵使妈妈在对面不断呼唤，婴儿依旧拒绝向前爬。这说明婴儿已经具有了深度知觉的能力。

3．形状知觉

不同年龄幼儿的作品反映了他们对不同形状的运用，因为不同年龄阶段幼儿掌握的图形形状不同。幼儿的形状知觉发展得很快，3岁的幼儿能区别圆形、正方形、三角形、长

方形等形状，4 岁幼儿能正确掌握圆形、正方形、三角形、长方形、半圆形和梯形，研究发现 4 岁至 4 岁半是几何图形辨认率增长最快的时期，5 岁幼儿能区别圆形、正方形、三角形、长方形、半圆形和梯形，在教师的指导下，幼儿能辨认菱形、平行四边形和椭圆形。有实验证明，5 岁幼儿能正确辨别各种基本的几何图形，但幼儿叫出图形名称比辨认图形要晚。

培养幼儿空间知觉的方法 ••••••

幼儿教师可采用以下方法发展幼儿的空间知觉能力。

1. 幼儿方位知觉特点在幼儿园教学中的应用

幼儿不同年龄阶段方位知觉发展水平不同，教师在各种教育教学活动中要按照幼儿年龄特点进行"照镜子式"的"镜像示范"，即从幼儿的角度来做示范动作，避免幼儿出现方位知觉混乱的现象。

2. 帮助幼儿理解并掌握与空间有关的词汇

辨识左、右时，可以告诉幼儿："拿饭碗的手是左手，使筷子的手是右手。"右图中的幼儿教师在教小朋友们穿鞋时，一边讲解和示范，一边有意识地加入左、右概念，帮助幼儿正确区分左、右。在日常生活中应不断丰富幼儿的空间经验，同时丰富与空间有关的词汇，以促进幼儿方位知觉能力的发展。

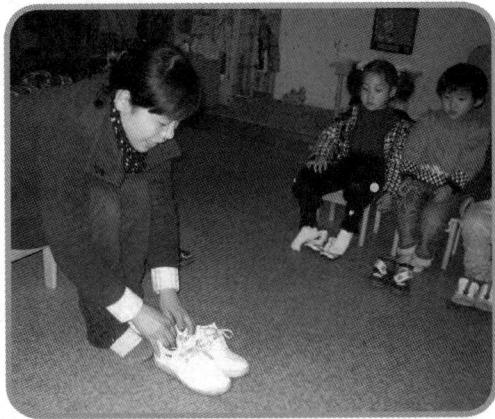

3. 帮助幼儿见多识广，增长空间知觉的经验

经常让幼儿去公园、郊外等室外游玩，引导幼儿观察大自然、社会景观，让幼儿感受自然中的各种形状、方位、距离等空间刺激，全面锻炼幼儿的空间知觉。

4. 利用游戏，鼓励幼儿多看、多摸、多操作物体，培养幼儿空间知觉

例如，做"坐公共汽车"游戏时，幼儿扮演司机、售票员、乘客等角色，设计上下车排队、上车选择座位等环节，进行各种各样与方位有关的游戏，让幼儿通过亲自动手操作、身体运动等方式来切身体验高低、里外、上下、前后、左右等空间方位概念。让幼儿在游戏中发展空间知觉。

5．为幼儿提供各种空间益智玩具

利用如彩色的卡纸、手工纸、水彩笔等材料，让幼儿在美术活动中锻炼对线条、色彩、形状的把握，提升空间知觉。

思考与实践 ●●●●●

一、判断题

（1）4～5岁幼儿对物体的大小、轻重和形状等属性的感知错误率高，精确度差。

（　　）

（2）幼儿到5岁对相对性左右方位辨别困难。　　　　　　　　　（　　）

（3）4岁幼儿已经能够辨认椭圆形，是辨认几何图形增长最快的时期。（　　）

（4）5岁幼儿能正确辨别各种几何图形。　　　　　　　　　　　（　　）

二、简答题

（1）什么是空间知觉？幼儿方位、形状知觉发展特点有哪些？

（2）儿童绘画作品有何特点？幼儿距离知觉有何规律？

（3）幼儿时间知觉的发展规律是什么？

（4）请你谈谈幼儿教师"镜像示范"的原因。

三、实践训练

（1）请你分析右图中幼儿作品的特点，并利用幼儿心理学原理分析此现象。

① 首先描述该画的内容、人物的比例特点、四周非主体人物比例、空间距离等特征。

② 与学生讨论分析出现上述特点的原因。

（2）到幼儿园收集小、中、大班幼儿绘画作品各2幅，依次观察颜色、形状、大小、比例关系、空间距离关系等，并说明各体现了幼儿的哪些特点？

二、幼儿时间知觉发展特点

案例展示

案例 34 "怎么还没到晚上呢？"

　　早晨，王老师按照家长填写的记录给小班的孩子吃药，琪琪跑过来对老师说："老师，我也带药了。"王老师看了一下记录，对他说："你的药是晚上才吃的，还没到时间呢！"她"哦"了一声跑开了。午睡前，王老师又拿出记录单准备再次给孩子吃药，琪琪又跑过来问："老师，我该吃药了吧！"王老师又说："你的药是在晚上才吃啊！"琪琪迷惑地说："怎么还没有到晚上呢？"，王老师笑了笑对她说："还早着呢，吃完晚饭，爸爸、妈妈来接的时候才是晚上呢！"琪琪开始耐心地等待。

案例 35 明年你几岁了？

王奶奶在电梯里遇到宁宁父女俩……

王奶奶：你几岁了？　　　　　　　爸爸：4 和 5 哪个大？

宁宁迅速地回答：我 4 岁。　　　　宁宁想了想说：5 大。

王奶奶：那你明年几岁了？　　　　爸爸：对啊，你明年几岁了？

宁宁：……（沉默）　　　　　　　宁宁：……（沉默）

开动脑筋 ••••

☞ "案例 34"中的琪琪听了"晚上吃药"这句话后有何反应？你觉得她理解吗？为什么？

☞ "案例 35"中的宁宁为什么能答对"5 比 4 大"，却不能推导出自己"明年 5 岁了"？

寻找规律 ••••

　　幼儿前期主要以人体内的"生物钟"来反映时间。幼儿期的时间知觉发展有以下特点。

1．幼儿初期

幼儿初期已有一些与具体生活相联系的初步时间概念。例如，"早晨"就是起床上幼儿园的时间，"晚上"就是爸爸、妈妈来幼儿园接回家的时候。他们不理解"昨天""明天"。"案例34"中的琪琪就是不明白"晚上"的概念，虽然教师告诉她两遍，但她依旧对晚上这个概念感到模糊。当教师将"晚上"和具体的事件联系起来后，告诉琪琪："吃完晚饭，爸爸、妈妈来接的时候才是晚上呢！"这时候琪琪能够理解了，所以不再来询问了。

2．幼儿中期

幼儿中期能运用"早晨"和"晚上"等词语，能理解"昨天""今天""明天"，但对"前天""后天"还不能理解。

3．幼儿后期

幼儿后期能辨别"昨天""今天""明天""大前天""大后天"，但不能正确理解更大或更小的时间单位，如对一分钟、一小时、一个月、一年等辨别困难。"案例35"中的宁宁在爸爸启发下能够理解数字5比4大，但由于宁宁今年4岁，对"年"这个较大的时间单位还难以理解，所以无法按照数学逻辑推导出时间，得不出"我明年5岁"的答案。

培养幼儿时间知觉的方法 ●●●●●

为了帮助像琪琪一样的幼儿发展时间概念，可采用如下的方法进行培养。

1．将时间和具体事件结合

可以像"案例34"中的幼儿教师回答琪琪晚上吃药一样，将时间同幼儿能够理解的具体事件相结合，帮助幼儿掌握时间概念。例如告诉幼儿后天看表演，可以解释成："后天，就是睡一个晚上，再来幼儿园一天，回家再睡一个晚上就到了"。

2．采用计时器

借助钟表或者闹钟等计时工具，让幼儿通过能够看到的具体事物，理解抽象的时间概念。如可以定时，告知幼儿闹铃响起的时候就可以做事情，培养幼儿对时间的知觉。

思考与实践 ●●●●●

一、简答题

列表区分不同年龄阶段幼儿时间知觉的特点。

二、实训训练

到幼儿园观察记录幼儿园在一天的生活中播放音乐的时段，这些音乐与什么活动紧密结合？可以起到哪些作用？

专题四　幼儿感知觉的发展特性

一、幼儿感觉特性

案例展示

案例36　入芝兰之室久而不闻其香　入鲍鱼之肆久而不闻其臭

王老师推门进入中（2）班，立即感觉到教室空气很浑浊，可中班的小朋友们和老师却对此没有任何觉察。这是什么现象？

案例37　停一停

幼儿园小朋友从户外进入室内或由室内到户外时，老师都要让小朋友停留片刻。

案例38　幼儿园对比鲜明的主题墙

开动脑筋 ●●●●●

☞ "案例36"中的中（2）班小朋友们和教师为什么感觉不到浑浊的空气？

☞ "案例37"中的幼儿园小朋友从户外进入室内或由室内到户外时，为什么教师要让小朋友们停留片刻？

☞ "案例38"中幼儿园主题墙的布置有什么特点？

寻找规律 ●●●●●

以上案例反映的是幼儿感觉适应和感觉对比的特性。

"案例36"中的王老师进入中（2）班立刻感觉到空气很浑浊，而中（2）班的师生们

由于发生了嗅觉适应现象，所以感觉不到空气的浑浊。感觉的适应是指因刺激的持续作用而使感觉的能力降低或提高的现象。"入芝兰之室久而不闻其香，入鲍鱼之肆久而不闻其臭"指的就是嗅觉的适应现象。幼儿刚洗澡时觉得洗澡水很烫，过一会儿就不

觉得烫了，这是肤觉适应。幼儿从光线明亮的地方进入光线昏暗的地方，过一会儿，对弱光的感觉能力会逐渐提高，逐渐能分辨出周围的物体，这就是视觉的暗适应；相反，从暗处进入光线明亮的地方会发生视觉的明适应现象。明适应和暗适应都需要一定的时间，"案例38"中的幼儿园小朋友从户外进入室内或由室内到户外时，如果立刻进入，容易看不清物体造成意外伤害，因此幼儿园教师要让小朋友停留片刻，等幼儿明适应或暗适应发生后，能看清物体时再让幼儿继续活动，避免发生意外伤害。

感觉的对比现象是指同一感觉器官，接受不同的刺激，而使感受性发生变化的现象。对比分为同时性对比和相继性对比两种现象。上图中的灰色正方形同时放在白色和黑色的不同背景之上，人们对它的感受发生了变化，黑色背景上的灰色似乎更亮一些，这就是同时性对比现象。幼儿吃完糖，再让幼儿喝药，药的苦度与糖的甜度没有变化，但幼儿感觉药特别苦，拒绝服药，这就是相继性对比。"案例38"中的幼儿园教师利用对比规

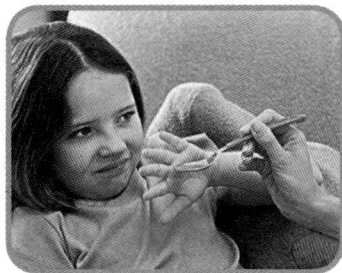

律对主题墙进行装饰，利用不同颜色、明暗等对比原理，相互衬托，增加幼儿的感知能力。

感觉特性在幼儿园中的应用 ●●●●●

根据以上介绍的幼儿感觉的特点，幼儿园教师应该充分利用幼儿感觉的特点进行教育教学设计，提高幼儿的感知水平。

1．幼儿园"适应"规律的应用

（1）从户外进入室内或由室内到户外时，要停留片刻预防意外发生。

（2）播放各种音乐时，音量要适中，以幼儿能够听清为主，切忌音量过大。因为音量过大，幼儿会发生听觉适应现象，造成听力损伤。

（3）幼儿教师在幼儿园要轻声细语，同时教育幼儿也要轻声细语。

（4）幼儿教师要及时开窗通风，保持空气清新。

2．幼儿园"对比"规律的应用

（1）制作教具，突出教育目标。

（2）品尝食物要有时间间隔，避免幼儿厌恶某种食物，造成偏食。

思考与实践 ●●●●●

一、判断题

（1）洗澡时水温没变，幼儿却觉得不烫了，这是对比的结果。　　　　　　（　　）

（2）让幼儿吃完糖后吃蘑菇，能增加幼儿对蘑菇的喜爱程度。　　　　　　（　　）

（3）户外活动后立即进入室内，需要过一会儿才能看清东西，这是感觉对比现象。

（　　）

二、实践训练

（1）到幼儿园拍摄幼儿园主体墙与幼儿园教师自制的玩、教具。

（2）分析其中利用了哪些感知觉的特性？

二、幼儿知觉特性

案例展示

案例③⑨ 图中有什么？

案例④⓪ 小实验

你从下图中看到了什么？

案例 ④ 教师指导

教师让幼儿观察下图，许多幼儿看不出图中的啄木鸟，教师引导后幼儿才能看出。

大树"爷爷"生病了，谁帮它看病来了？

案例 ④ 趣图

艺术家约瑟德梅绘制的冬景，请观察左侧的柱子

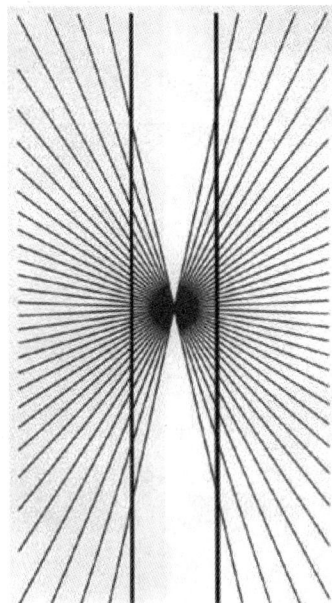

观察竖直的两条黑线，它们平行吗？

开动脑筋 ●●●●●

☞ "案例39"的图形中都有什么？哪个好识别？为什么？

☞ 在"案例40"中，你为什么不认为图中是大大小小的斑点，而认为是一匹马呢？

☞ 为什么"案例41"中的幼儿需要教师指点才能看出啄木鸟，这是什么现象？

☞ 在"案例42"中，左图在现实中能实现吗？右图中的两条竖线平行吗？请测量一下。

寻找规律 ●●●●●

以上案例反映的是知觉的特性。知觉特性包括知觉的选择性、知觉的整体性、知觉的理解性、知觉的恒常性和错觉。

1. 知觉的选择性

在任一瞬间，人总会有选择地把某一事物作为对象，把其他事物作为背景，这就是知觉的选择性。影响知觉选择性的因素主要有以下几点。

（1）对象与背景的差别。

观察"案例39"中的3张图，识别第1张图时，你把中间白色当对象，黑色当背景，看到的是花瓶；把黑色当对象，白色当背景，看到的是两张人脸。但随着对象和背景之间差别的逐渐减小，对象越来越不容易识别。如从在第2张图中识别情侣到在第3张图中识别少女和老妇，识别的时间和困难程度逐渐加大。由此看出对象与背景的差别越大，对象越容易被区分出来；反之，对象与背景的差别越小，对象越难识别。

（2）对象的活动性。

在固定不变的背景上，活动的刺激物容易被知觉作为对象，如在幼儿园活动室的固定背景板前，会动的教具极易被幼儿知觉。

（3）对象本身的特点。

如教师站在小班幼儿面前，马上就能成为知觉的对象，因为教师的身高超过幼儿。这说明对象特点突出，容易成为知觉的对象。

（4）幼儿的主观因素。

如对知觉对象的熟悉程度、是否感兴趣、喜欢程度等都会影响幼儿知觉选择性。

2．知觉的整体性

"案例40"中的图形是由一些没有意义的斑点构成的，但人在知觉的时候，总是喜欢从整体上把它知觉为一匹马，这就是知觉的整体性。知觉对象虽然由许多具有不同特征的一个个部分组成，但人并不认为它是孤立无联系的部分，而总是喜欢把它作为一个统一的整体来认识，即知觉的整体性。

3．知觉的理解性

在知觉过程中，人总是用过去的经验来理解当前的知觉对象，并用词语标志出来。知觉的理解性是以知识经验为基础的，知识经验越丰富，对事物的理解越深刻、越全面。在"案例41"中，幼儿对啄木鸟的特点不熟悉，当教师让幼儿观察图形时，幼儿不能马上看出图中的啄木鸟形象，在教师的引导和提示之下，幼儿才能识别，这是因为幼儿缺乏相应的知识和经验，影响了对新事物的理解和认识。

4．知觉的恒常性

知觉条件在一定范围内发生变化，但知觉映象却保持相对稳定不变的特性，即知觉的恒常性。知觉的恒常性中最主要的是视觉的恒常性。视觉的恒常性包括大小恒常性、形状恒常性、亮度恒常性等。大小恒常性是指对远处的一个物体，尽管它明显地变小，但在知觉中仍然认为它保持原有的大小。如妈妈越走越远，幼儿仍然认为妈妈还是原来那么高，并未因妈妈离得远而认为妈妈在变矮。形状恒常性是指对事物形状的知觉，不管这个事物因远近不同所引起的在透视上的差异如何，依旧认为它没有改变。如下图对门的知觉，虽然视网膜上看到成像的形状发生改变，但我们依旧认为门的形状没有改变。同样的道理，幼儿园教室四面墙的明暗会随着一天中时间的变化而变化，但幼儿依旧会认为四面墙是一样的白。正是知觉的恒常性，使得幼儿能够在不同的条件下正确地把握事物。

5．错觉

这是人对客观事物歪曲错误的知觉。在"案例42"中，左图中的柱子在现实世界里

根本不可能存在，但我们却认为，艺术家约瑟德梅绘制的冬景图没什么不妥、挺合理的，这就是错觉造成的。而在右图中，明明是两条平行线，但是大家始终感觉这两条线是不平行的，向外发生一定的曲张。错觉是人正常发生的心理现象。在幼儿园合理地利用错觉，能丰富幼儿的体验。

知觉特性在幼儿园中的应用 ●●●●●

根据以上介绍的幼儿知觉的特点，幼儿园教师应该充分利用幼儿感知觉的特点进行教育教学设计，以提高幼儿的感知水平。

（1）清晰区分讲授的内容与背景。

（2）教育活动中加入木偶、活动玩具。

（3）运用多媒体手段播放动画。

（4）教学时图形之间的距离保持适当。

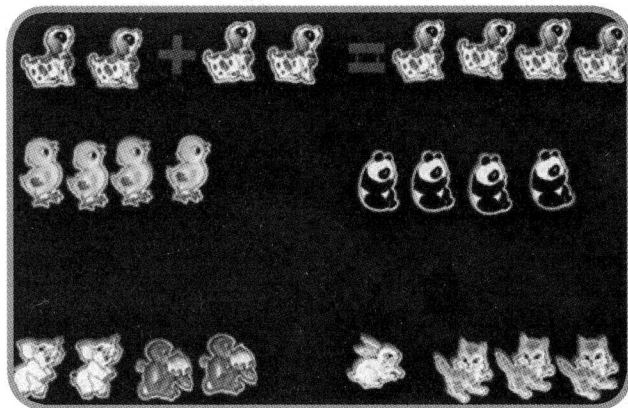

（5）教师要运用言语指导幼儿想起已有的知识经验。

（6）利用错觉进行幼儿园环境设计，提高幼儿的审美意识。

思考与实践 ●●●●●

一、判断题

（1）为了让幼儿听清楚，幼儿教师应该大声说话。 （ ）

（2）教师在白板上贴红色图形是利用对比规律让图形更突出。 （ ）

二、简答题

（1）什么是感觉的适应和对比现象？

（2）幼儿园如何运用感觉规律？

（3）知觉的五大特性是什么？

（4）影响知觉选择性的因素有哪些？

（5）如何利用知觉的各种规律组织幼儿活动？

三、实践训练

（1）分组，每组拍摄5张环创主题墙照片。要求照片完整、高清。

（2）根据知觉特性，各组设计评选标准表，依据标准评选照片。

（3）全班展示评选作品和结果，边介绍边说明评选原因。

（4）对问题作品进行修改。

专题五 幼儿观察的发展特点

案例展示

案例 ❹ 观察颜色变化

张老师先让小班幼儿看一碗盛了绿色液体的水，然后向碗中加入黄颜色，张老师让孩子们观察碗中的颜色发生了什么变化。小朋友们在观察过程中，有的忘记老师让做什么，有的开始玩颜色，有的用手去搅彩色的水，常常不能完成老师交给的任务。

案例 ❹ 柿子还是西红柿

老师指着柿子问幼儿："这是什么？"小班幼儿回答："这是西红柿"。

案例 ❹ 小猫钓鱼

幼儿园的老师让小班幼儿观察下面三幅图片。

幼儿观察完之后，老师问小朋友们："小猫为什么钓不到鱼？"有的幼儿回答说因为小猫会抓老鼠，有的说因为蝴蝶很好看，有的说因为小猫拿着钓鱼竿，几乎没有孩子说出正确的答案。

同样的问题，大班幼儿在观察之后，大部分小朋友都能得出正确答案。

开动脑筋

☞ "案例43"中的幼儿在观察过程中出现了哪些现象？为什么会如此？

☞ "案例44"中的幼儿为什么会将柿子当成西红柿？

☞ 为什么"案例45"中的小班幼儿观察三张图片后说不出正确的答案，大班幼儿却能够说出？

☞ 你能大致说说幼儿观察有什么特点吗？

寻找规律

以上案例反映的是幼儿观察的特点。观察是一种有目的、有计划的、比较持久的知觉过程，是知觉的高级形式。幼儿期幼儿的观察能力得到发展，但总体水平不高，表现出以下特点。

1. 幼儿观察由无目的性向有目的性发展

幼儿初期观察缺乏目的性，他们往往不能自觉地进行有意识的观察，在观察过程中容易被其他事物干扰，从而忘记预先的观察目的。"案例43"中的教师让幼儿观察绿色和黄

色混合之后发生的颜色变化，幼儿却出现了注意分散的现象，除了无关刺激干扰幼儿的注意之外，幼儿观察能力差也是导致这一现象出现的原因。幼儿中、后期，随着幼儿观察的目的性不断增加，在观察过程中，能够按照观察的目的完成预定的观察任务。

2．幼儿观察由笼统向精确发展

幼儿初期时，幼儿观察事物笼统、片面，往往看不清事物的本质。"案例44"中的幼儿将柿子当成西红柿，是因为柿子和西红柿的形状和颜色等表面特点比较接近，幼儿观察不全面细致，只看到面积大的和突出的部分，很少注意到细小的和不十分惹眼的部分。由于看不到两者之间的本质差别，于是将两者混为一谈。幼儿中、后期，幼儿的观察较为细致，能从事物的形状、大小、颜色、个数和处于什么位置等各个方面来观察，能抓住事物的主要特点。

3．幼儿观察方法少

幼儿初期，幼儿在观察中常常不懂或不会主动采用观察方法，不能按照一定的观察顺序进行观察，常常遇到什么就看什么，顺序杂乱，观察不全，故常有遗漏。即便到了幼儿中期，虽然较幼儿初期在观察方法上有一定的提高，但大多数幼儿还是不能按照观察的顺序对事物进行系统观察。

4．幼儿观察时间不长

幼儿注意的稳定性较差，因此幼儿不能长时间地观察同一事物。心理学实验研究显示，3～4岁幼儿观察事物的平均时间为6分8秒，5岁时平均时间为7分6秒，6岁之后为12分3秒，大班幼儿观察的持续时间较长。总体来说，幼儿的观察时间会随年龄的增长不断提高。

5．观察概括性随年龄增长不断提高

"案例45"中的小班幼儿观察完三张图片后孤立地看每张图，找不出图与图之间的内在因果关系。这说明幼儿初期的观察概括能力不高，看事物时是割裂的、零散的，发现不了事物间的内在关系。幼儿园大班的大多数幼儿能够说出正确答案，说明幼儿后期的观察概括水平不断提高，能够概括出事物之间的本质特性。

培养幼儿观察力的方法 •••••

根据幼儿观察的特点，在教学中可采用如下方法培养幼儿的观察能力。

1．明确观察的目的和任务

教师在观察活动前应提出启发性问题。例如，引导幼儿观察兔子时，首先，要使幼儿明白观察兔子的哪些特点，让幼儿在观察兔子时目标明确；其次，教师要进行言语的导引，提出启发性的问题，帮助幼儿有目的地进行观察；最后，在观察过程中，教师还要给予适当的讲解和提示，帮助幼儿提高观察的能力。

2．提供丰富的观察资料

例如，教师让幼儿学习有关"兔子"的知识时，可以为幼儿提供丰富多彩的兔子观察图片（如下图所示），从而提高幼儿的观察水平。

3．教给幼儿有序观察的方法

引导幼儿学习自上而下、自左而右、由近及远、从前到后的观察顺序，帮助幼儿提高观察效果。

4．观察时间不宜长久

应选取适宜各个年龄阶段的观察时间。

5．在观察训练中，让幼儿多种感官参与观察活动

思考与实践 ••••••

一、简答题

（1）幼儿观察有何特点？

（2）怎样培养幼儿的观察力？

二、实践训练

请你根据幼儿观察的特点，设计一个指导幼儿观察某种事物的指导方案。

实训指导3

一、实训目的

1. 通过拍摄幼儿美术作品，分析出小、中、大班幼儿在颜色视觉、距离知觉、形状知觉等方面的发展特点。

2. 通过拍摄走廊、主题墙和采访幼儿教师，初步了解幼儿园环境创设对幼儿心理发展的价值和意义，直观感受体验幼儿园环境创设的特点。

二、实训内容

1. 在小、中、大班教室内、外环境中，观察、拍摄、收集幼儿的绘画、泥塑等作品。

2. 根据拍摄到的作品，分析小、中、大班幼儿在颜色视觉、距离知觉、形状知觉等方面的发展特点。

3. 观察拍摄小、中、大班幼儿教师布置的主题墙。

4. 采访小、中、大班幼儿教师创建主题墙的创设目的和创设意图分别是什么？

5. 依据主题墙拍摄和采访结果，分析在主题墙内容、排版、创意、色彩搭配等方面，幼儿教师都利用哪些感知觉的原理？你个人对此有哪些感受和体验？

三、实训总结

1. 实训总结撰写重点

（1）结合小、中、大班幼儿美术作品，分析三个年龄阶段幼儿的颜色视觉、距离知觉、形状知觉等方面的发展特点并归纳总结发展趋势。

（2）依据主题墙拍摄和采访结果，分析在主题墙内容、排版、创意、色彩搭配等方面，幼儿教师都利用哪些感知觉的原理？

（3）说明个人在本次实训中的感受和体验。

2. 实训报告撰写方式

个人撰写、小组撰写、自由结合撰写等。

3. 实训报告上交原则

可以根据实际情况，充分发挥学生的自主性和创造性，采取多种灵活形式完成，如文字总结、文字论文、自绘观察记录表＋文字分析说明、图形图表、PPT、情景演示、角色扮演、视频编辑或其他形式。

幼儿记忆发展规律 | 第4章

→ **本章案例学习专题**

专题一 幼儿记忆的过程和种类
专题二 幼儿无意记忆和有意记忆的发展特点
专题三 幼儿机械记忆和意义记忆的发展特点
专题四 幼儿形象记忆和语词逻辑记忆的发展特点
专题五 幼儿的遗忘规律
专题六 常见的幼儿记忆问题

→ **本章实训指导**

专题一　　幼儿记忆的过程和种类

案例展示

案例46 幼儿认识兔子的过程

图1　观察兔子

图2　脑中记住兔子

图3　再次看见兔子

图4　画兔子

案例47 幼儿学字母

　　幼儿园荣教师教孩子们学英文字母 A 和 a，她告诉孩子们大写字母 A 像座山，又高又大，他有一个孪生兄弟 a，小兄弟 a 长得短小，喜欢跟在大哥身后……小朋友们很快就记住了。

开动脑筋 •••••

☞ 你觉得"案例46"中的幼儿从观察兔子到画出兔子经历了哪些步骤？

☞ "案例47"中的荣教师为什么要这样教孩子们学习英文字母？如果不这样学，会有什么结果？孩子们的学习跟你的学习方法有区别吗？

寻找规律 •••••

1. 记忆的过程

记忆是人脑对经历过事物的反映。幼儿如果没有记忆，就无法将感知过的材料保存下来，面对曾经认识的事物，幼儿不得不重新开始认识。缺少记忆，幼儿的心理将始终处于原始状态，其他的心理活动都无法继续发展。因此，记忆对幼儿的生活、学习、游戏、智力发展都具有十分重要的意义。

从"案例46"中幼儿认识兔子的过程可总结出记忆有两个过程：一个是"记"的过程，一个是"忆"的过程。"记"的过程包括识记和保持，"忆"的过程包括再认和再现。

在"案例46"中，幼儿观察兔子时（见图1），将兔子的特点反复感知并不断向大脑输入信息的这个过程，就是识记。识记之后，幼儿在大脑中将兔子的形象存储下来，这就是保持过程（见图2）。幼儿记住兔子的形象后，当兔子的形象再次出现时，幼儿能够认出兔子，这一过程叫再认。幼儿再次看见兔子时，她叫着："兔子、兔子……"，并将兔子抱起来的过程，就是再认（见图3）。幼儿还可以不借助原物的提醒提取信息，直接从脑中提取。如"案例46"中，此时兔子不在面前，幼儿从自己的脑中直接提取兔子的形象，这个过程称为再现过程，即原物未出现却能在脑中呈现的过程（见图4）。再认和再现没有本质区别，都是从大脑提取信息，都属于"忆"的过程。不过能再认的不一定能再现，能再现的一般都能再认，再现要比再认相对困难。

以上就是记忆的过程。"记"是"忆"的前提，"忆"是"记"的结果和检验。

2. 记忆的种类

心理学家根据不同的标准，将记忆分为不同的种类。

首先，根据记忆有无目的和是否运用方法可将记忆划分为无意记忆和有意记忆。没有目的记忆，无须运用方法、步骤的记忆，不需要用意志努力的记忆就是无意记忆；有目的

记忆，主动按照方法、步骤的记忆，需要用意志努力的记忆就是有意记忆。

其次，根据识记时对材料是否理解可将记忆划分为机械记忆和意义记忆。机械记忆是在不了解材料意义的情况下，只根据材料的表现形式，采用简单重复的方法进行的一种记忆，即所谓的"死记硬背"。意义记忆是根据材料的意义和逻辑关系，运用有关经验进行的一种记忆。

最后，根据记忆的内容可将记忆划分为形象记忆、语词逻辑记忆、运动记忆、情感记忆等。形象记忆是以感知过的形象为内容的记忆。语词逻辑记忆是以词语概念、判断、推理等抽象思维为内容的记忆。运动记忆是以做过的动作为内容的记忆。情绪记忆是以体验过的情感为内容的记忆。例如，"案例47"中的荣教师就是将抽象的语言字母 A 和 a 的学习，转化成形象的孪生山兄弟，幼儿们一下就记住了。

关于幼儿形象、语词记忆等的特点，将在后面章节进行学习。

思考与实践 ●●●●●

一、简答题

（1）什么是记忆？

（2）幼儿记忆有哪些过程？

（3）记忆对幼儿有什么作用？

二、实践训练

请到幼儿园录制一节科学教育活动课，观察幼儿教师如何引导幼儿学习新内容。分析幼儿记忆新内容时，都经过了哪些步骤？记忆结果如何？

专题二　幼儿无意记忆和有意记忆的发展特点

一、幼儿无意记忆的特点

案例
展示

案例48 教师让画"上周吃大虾"

　　幼儿园上周吃大虾，当时孩子们吃得很开心，教师这星期让他们画出当时满嘴咀嚼大虾的情景，小朋友们却画不出。

案例49 幼儿容易记住的动画形象

案例㊿ 穿新衣和剪指甲

明天幼儿园要检查个人卫生，教师要求幼儿晚上回家剪指甲，第二天教师发现不少幼儿忘记了。幼儿记不住剪指甲的事，却能记住"六一"儿童节要穿新衣服的事情，这是为什么？

案例㉛ 小王叔叔

爸爸和强强初见小王，分手时，爸爸自语道："小王，胡子……"后来爸爸想起小王时会说："满脸络腮胡子、大眼睛的年轻人……"4 岁的强强却会说："穿蓝色衣服的叔叔……"

开动脑筋 ●●●●●

☞ "案例 48"中的幼儿为什么画不出"上周吃大虾"的图画？

☞ "案例 49"中容易被幼儿记住的动画形象有什么共同特点？

☞ "案例 50"中的幼儿为什么记不住剪指甲，却能记住"六一"儿童节穿新衣服的事？

☞ "案例 51"中的爸爸和强强谁记得准确？他们的记忆有何不同？

寻找规律 ●●●●●

这些案例反映的是幼儿无意记忆的特点。幼儿是以无意记忆为主的，他们的记忆带有很大的无意性，具体表现在以下两个方面。

1. 幼儿记忆目的性不明确

幼儿记忆过程中不能按照预定的目的完成记忆任务，自己也不会主动提出目标进行记忆。"案例 48"中的幼儿虽然上周吃虾吃得很开心，但幼儿对吃虾的记忆属于无意记忆，不能自觉记忆当时的情景，隔了一周，幼儿自然画不出。幼儿记住什么，记不住什么，常常受如下因素的影响。

（1）客观对象的性质。如直观、形象、简单明了、运动的事物，容易被幼儿记住。"案例 49"中的米老鼠、海绵宝宝等动画形象，都具有色彩鲜艳、形象生动、活泼可爱、运

动变化的特点，幼儿在观看动画时，能够自然而然地记住这些形象。

（2）客观对象和主体的关系。凡是能让幼儿感兴趣、激起幼儿强烈情绪体验、满足幼儿个体需要的事物，都很容易被幼儿记住。

"案例50"中的幼儿，记不住剪指甲却能记住"六一"儿童节穿新衣服的事情，是因为"六一"儿童节穿新衣服，既能让幼儿感到穿新衣服的快乐，还能满足幼儿好玩、好吃、追求快乐等需要；而幼儿对剪指甲既不感兴趣也不能满足他们自身的需要，所以记不住。

2. 幼儿记忆方法少

幼儿不会自觉地运用重复、言语参与、寻找记忆任务之间的内在关系等记忆方法帮助自己记住事物。"案例51"中的爸爸和强强，初次见到小王之后，爸爸立刻抓住小王的络腮胡子、大眼睛、年轻等典型特点进行记忆，并通过不断重复帮助自己记住小王的特点。4岁的强强不会运用记忆方法，他凭借小王衣服的色彩对小王进行记忆，属于借助表面特点进行的记忆。因此，假设再见到小王，根据爸爸的描述能够很快地认出小王，但根据强强的描述却很难认对小王。从"案例51"中可以看出，幼儿的记忆是以无意记忆为主，记忆缺乏目的和方法。幼儿期所获得的知识，多数是在游戏和其他活动中"自然而然"地记住的，对有些内容的记忆能够保持终身。

二、幼儿有意记忆的特点

案例展示

案例52 实验研究

研究者让3～6岁幼儿到模拟商店购买相关物品。3～4岁幼儿走到"商店"就认为完成任务了，既不会有意去记买什么物品，也不会回忆应该做什么事。4～5岁幼儿到"商店"能迅速复述要买什么，但忘了也就算了，不再设法回忆。5～6岁幼儿会要求教师说慢点，边听边重复，以便记住买什么，忘了就请教师再提示。

小班   大班

 **开动脑筋** ●●●●●

☞ "案例52"中小、中、大班幼儿"购买"物品时，各有什么行为表现？他们在行为上有何不同？

☞ 请你试着分析小、中、大班幼儿产生上述行为差异的原因。

寻找规律 ●●●●●

　　"案例52"中的小班幼儿走到"商店"就认为完成任务了，既不会有意去记买什么，也不会回忆应该做什么事，说明他们不会自觉运用记忆方法记住要完成的任务，记忆的目的性差。中班幼儿到"商店"能迅速复述要买什么，但忘了也就算了，不再设法回忆，说明中班幼儿知道运用一定的记忆方法帮助记忆，但记忆的目的性依旧较差，不会主动根据目的完成任务。大班幼儿要求教师说慢点，边听边重复，以便记住买什么，忘了还请求教师提示，说明大班幼儿无论是在记忆的方法上，还是在记忆的目的性上都有了很大提高。

　　本实验说明，幼儿有意记忆较差。但随着年龄的增长，到了幼儿中、后期，伴随幼儿言语能力的提高，幼儿记忆的有意性也在不断地提高。

培养幼儿有意记忆的方法

在教育活动中可采取如下方法发展幼儿的有意记忆。

1. 采用直观、形象、简明的活动材料提高幼儿的记忆效果

幼儿教师在组织幼儿活动时，可采用生动形象的教具，借助语气语调的变化，充分利用幼儿无意记忆的特点，让教学的内容成为幼儿记忆的目标，帮助幼儿记忆。

2. 开展符合幼儿兴趣的活动，激发幼儿积极的情绪体验

兴趣是最好的教师，幼儿教师在活动中要以激发和培养幼儿的兴趣为目的，在教学活动中采用丰富的活动形式，如木偶戏、游戏、音乐、舞蹈等，让幼儿在活动中保持良好的兴趣。同时注意，让幼儿保持积极的情绪体验，使情绪和活动之间产生共鸣，帮助幼儿加深对活动内容的记忆。

3. 活动中明确记忆目的和要求

活动目标是否明确，直接影响幼儿的记忆。此外，幼儿教师的言语指导不但能促进幼儿的语言发展，还能让幼儿明确记忆的目标，调动幼儿记忆的主动性，最终使幼儿达到良好的记忆效果。

思考与实践

一、简答题

（1）幼儿无意记忆和有意记忆的特点是什么？

（2）影响幼儿无意记忆的因素有哪些？

（3）如何培养幼儿的有意记忆？

二、实践训练

请到幼儿园收集幼儿教师帮助幼儿进行有意记忆的教学方法。依据在幼儿园收集的资料，分组制成PPT，内容包括：

（1）利用的教学方法是什么？

（2）为什么用这些教学方法？

（3）这些教学方法能起到什么作用？

专题三 幼儿机械记忆和意义记忆的发展特点

案例展示

案例53 解释儿歌

幼儿园的教师教小朋友们学古诗《咏鹅》。"鹅鹅鹅，曲项向天歌。白毛浮绿水，红掌拨清波"。全班小朋友都能流利背诵。但当教师问小朋友"项"是什么意思时，小朋友们解释说，"项"是"大象"。问"拨"是什么意思时，小朋友们解释说"拨"是"菠菜"……

案例54 小丽背儿歌

幼儿园教师教小朋友们学了几遍儿歌后，小丽就能很流利地背诵下来了，为此还受到教师的表扬。三天后，教师再让小丽背这首儿歌，小丽却说："我忘了"。

> 小蜗牛，背书包，
>
> 迎着红日去学校，
>
> 好长时间爬一米，
>
> 天天早起不迟到。

开动脑筋

☞ "案例53"中的幼儿为什么能够流利背诵古诗《咏鹅》，却不能解释呢？

☞ "案例54"中的小丽为什么当时能流利背诵的儿歌，但三天后却记不起来了呢？

寻找规律 ●●●●●●

幼儿的机械记忆多于意义记忆。机械记忆就是"死记硬背"的记忆，意义记忆是理解性的记忆。

首先，这个时期幼儿的大脑与记忆有关的高级神经系统具有很大的可塑性，只要稍加重复，大脑很快就能形成暂时的神经联系，即使是幼儿不理解的事物，也容易在脑中留下痕迹，表现出幼儿"记得快"的特点。"案例53""案例54"中幼儿的共同之处是他们都能迅速地记住所学的儿歌，但对所记住的内容并不理解，囫囵吞枣地死记，他们脑中暂时建立起来的神经联系并不稳定。"案例54"中的小丽，很快将所学的儿歌忘记了，表现出"学得快，忘得快"的特点。幼儿的生理发育的特点使得幼儿的机械记忆多于意义记忆。

其次，幼儿的经验知识比较贫乏，对事物的理解能力差，不善于找出事物之间的内在关系，因而他们往往只能记住一些事物的表面特征和外部联系。"案例53"中的幼儿，将"项"解释为"大象"，"拨"解释为"菠菜"。"大象""菠菜"对幼儿来说是熟知的事物，而且"项""象"同音，"拨""菠"同音，这说明幼儿记忆带有很大的直观形象性，凭借一定经验生搬硬套地进行机械记忆。

最后，这个时期的幼儿词汇量不够丰富，还不能用语言较好地表达记忆的内容，因此常常会采用"死记硬背"的方式记忆。

幼儿以机械记忆为主，并不是说幼儿的意义记忆不存在，机械记忆的效果好于意义记忆。研究表明，4岁以后，在正确的教育下，幼儿的语言和理解力不断加强，幼儿的机械记忆和意义记忆都在随年龄的增长而不断提高，而且幼儿只要对材料理解了，意义记忆的效果总是好于机械记忆的效果。

利用幼儿机械记忆和意义记忆的特点培养幼儿记忆 ●●●●●

为了帮助幼儿记住知识和必要的事件，教师可采取如下方法。

1．在理解的基础上进行识记

对于幼儿来说，最有效的办法是在理解的基础上进行识记。实验表明，幼儿意义记忆效果好于机械记忆。幼儿对材料理解得越深刻，记忆得越快，记忆保持的时间越长。例如，教师让幼儿学习儿歌《石榴》，像小屋，里面藏着红珍珠"时，在幼儿教育活动中，教师可采用多种方法，先带幼儿来到石榴树下观察石榴，再拿来珍珠让幼儿观察触摸，掰开石榴让幼儿品尝，帮助幼儿理解所要识记的材料。在这个过程中，幼儿教师可提出问题，帮助孩子们积极思考，学习从事物内部联系上识记材料，理解石榴和珍珠之间的关系，这样幼儿记忆《石榴》这首儿歌的效果就会大幅提升。

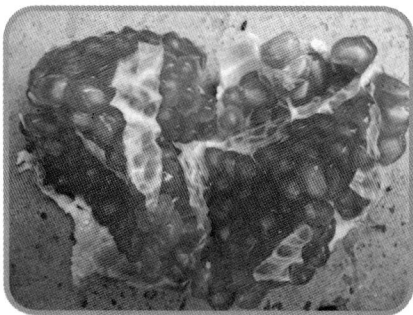

2．让幼儿的多种感官参与记忆过程

实验证明，在识记活动中，有多种感官参与的记忆效果较好。例如，认识兔子时，幼儿可以观察兔子外形、摸兔子的皮毛、学兔子的蹦跳……这样对兔子的形象认识就比较"立体"，记忆效果好。

思考与实践 ●●●●●

一、简答题

（1）幼儿的机械记忆和意义记忆有何特点？

（2）发展幼儿机械记忆和意义记忆的方法有哪些？

二、实践训练

教师为什么要在柿子树下教幼儿学习汉字"柿子"？

专题四 幼儿形象记忆和语词逻辑记忆的发展特点

案例展示

案例 55 沙沙讲故事

沙沙昨天去了动物园，今天幼儿园教师让她给小朋友介绍动物园的动物，她去图书角找来图画书，说"我要看着书给小朋友讲"。沙沙翻开图画书，翻到有小猴子的那页，就讲动物园里的小猴子是什么样的；翻到大象那页就讲大象是什么样的……教师建议她不看书讲时，沙沙就讲不出来了。

开动脑筋 ●●●●●

在"案例55"中，不让沙沙看图画书讲时，为什么她就讲不出来了？

寻找规律 ●●●●

幼儿的记忆内容发展是有规律的。新生儿出生两周出现运动记忆，半岁时出现情绪记忆，6～12个月出现形象记忆，1岁后出现语词逻辑记忆。幼儿期这四种记忆都在不断地发展。就幼儿的形象记忆和语词记忆发展来看，幼儿以形象记忆为主，最容易记住具体、直观的形象材料；但语词逻辑记忆的发展速度大于形象记忆，这与儿童言语水平随年龄的增长而日益提高有关。可是，由于幼儿的思维能力差，言语尚不能在词语逻辑记忆中独立起作用，所以整个幼儿时期，幼儿形象记忆的效果要好于语词逻辑记忆的效果。

"案例55"中的沙沙去动物园时，虽然她的脑海中记住了动物的形象，但由于此时幼儿的言语还不能在记忆中独立起作用，所以让她脱离图画书中的图像，仅依靠语词单独介绍动物时，沙沙就讲不出来了。

此外，幼儿记忆熟悉事物和词语比记忆生疏的事物和词语的效果好。沙沙介绍的是动物园中常见的动物，这对她来说容易回忆。原因在于对于猴子、大象等动物，沙沙在掌握了它们名称的同时，头脑中也存下了这些动物的形象，记忆中的形象和语词能紧密地联系在一起，沙沙在说某个动物的名字时，与这个动物有关的形象就会马上呈现在头脑中，成为词语逻辑记忆的形象支柱，因此记忆效果会优于记忆生词。这也是介绍动物时沙沙依靠图书的另一个原因。同样的道理，假如让幼儿学习词汇"大象""阿弥陀佛"这六个字，幼儿很容易学会"大象"，而对"阿弥陀佛"学习起来会感到困难。因为"大象"这个词形象而具体，为幼儿所熟悉，而"阿弥陀佛"这个词语幼儿不熟悉，形象也不具体。

利用幼儿形象记忆和语词逻辑记忆的特点培养幼儿记忆的方法

幼儿教师利用幼儿机械记忆和意义记忆的特点组织幼儿教学活动时，给幼儿的识记材料要形象、方法要有趣。从沙沙的案例中能看出，幼儿以形象记忆为主，最容易记住形象具体、直观的材料。因此，在幼儿的教学活动中，教师应选择那些色彩鲜明、形象具体生动的材料帮助幼儿记忆。即便是在解释抽象的概念时，也要化繁为简，运用具体的玩、教具协助演示，将抽象的概念转化为形象的讲解，也可同时配以录像、录音、童话剧、游戏等多种教学方法帮助幼儿提升记忆效果。

思考与实践

一、简答题

（1）幼儿的形象记忆和语词逻辑记忆有何特点？

（2）培养幼儿形象记忆和语词逻辑记忆的方法有哪些？

二、实践训练

（1）请你到幼儿园收集录制大、中、小班三个年龄阶段幼儿教师利用幼儿形象记忆和语词逻辑记忆特点组织教学的课堂实录。

（2）选取你认为有代表性的片段，在组内进行交流学习。

专题五　幼儿的遗忘规律

案例展示

案例56　艾宾浩斯遗忘曲线

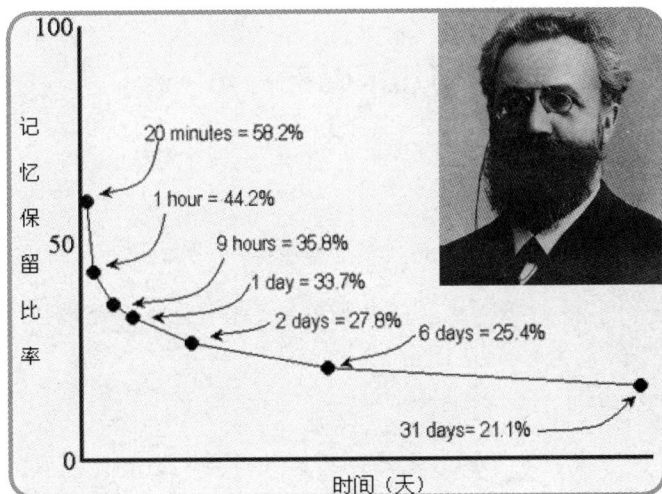

开动脑筋 ●●●●●

☞ "案例56"中的艾宾浩斯遗忘曲线说明了记忆的什么规律？

寻找规律 ●●●●●

遗忘是保持的相反过程，对识记过的材料不能再认和再现，或者错误地再认和再现。在日常生活中，一定的遗忘对人的心理健康起到适当的保护作用，能帮助人们提高生活效率。

最早研究遗忘规律的是德国心理学家艾宾浩斯。他利用无意义的音节，为了不让测试对象的知识经验影响测试结果，他使用如 aass、cwbje、jieowa、fajaoeao 等无法组成意义的系列字母作为测试内容，然后用测试者重新学习这些无意义音节所节省的时间或者次数作为评定指标，根据实验数据他绘制了这条著名的"艾宾浩斯遗忘曲线"（见案例 56）。图中的竖轴表示学习中记住的知识数量，横轴表示时间（天数）。实验显示，在最初学习后的 20 分钟再次学习，能够节省 58.2%，一小时可省 44.2% 的学习时间，一天可以节省 33.7% 的学习时间，两天可节省 27.8% 的学习时间，6 天后可以节省 25.4% 的学习时间。从遗忘曲线中可看出，遗忘的进程是不均衡的，呈现"先快后慢"的趋势。学习新知后很短的时间，遗忘发生很快，遗忘较多，但随着时间的推移，遗忘逐渐变得缓慢，到了一定的时间后，几乎不再遗忘。

利用记忆规律培养幼儿记忆的方法 ●●●●●●

1. 及时学习

幼儿记忆保持时间短，记得快，忘得快。"艾宾浩斯遗忘曲线"表示遗忘的进程是"先快后慢"的，所以在幼儿学习新知识后，及时复习是避免遗忘的好方法。

2. 采用记忆方法

帮助幼儿复习时，要采用一定的记忆方法。可以让幼儿对学习内容进行复述，也可将学习内容"视觉化"。千言万语不如一张图，将幼儿需要记忆的材料变成图像让幼儿记忆，这样的效果要远远好于机械的重复记忆。

3. 记要点

采用要点法记忆，即在复习时，教师帮助幼儿抓住重点词、重点事进行记忆，预防幼儿产生遗忘。

思考与实践 ●●●●●

一、简答题

记忆有何规律？如何利用记忆规律提高幼儿的记忆能力？

二、实践训练

请节选幼儿园老师教学中体现该规律的教学实践片段。（小、中、大班任选其一）

专题六　常见的幼儿记忆问题

一、偶发记忆

案例展示

案例 57　看图片数数

　　幼儿园里的教师出示鸭子的图片后让幼儿回答："有几只鸭子？"幼儿却答："鸭子是黄颜色的"。

开动脑筋 ●●●●●

👉 "案例57"中的幼儿为什么会出现"答非所问"的现象呢？

寻找规律 ●●●●●

　　这是幼儿记忆中出现的"偶发记忆"现象。

　　偶发记忆是指当要求幼儿记住某样东西时，他们记住的往往是和这件东西一起出现的其他东西。"案例57"中的幼儿教师要求幼儿回答图中有几只鸭子时，幼儿的回答是"鸭子是黄颜色的"。这是由于幼儿注意力、目的性均不明确，有意记忆能力差，让幼儿记住的事物记不住，却记住无关的其他事物。幼儿教师要重视幼儿这种特有的记忆现象，注意引导幼儿朝着有意记忆的方向发展。

幼儿"偶发记忆"的处理方法 ●●●●●

（1）及时发现幼儿的"偶发记忆"现象。

（2）帮助幼儿弄清记忆目标，指导幼儿关注目标。

二、"说谎"现象

案例 58 被妈妈责骂的明明

3岁的明明在幼儿园中午吃的是米饭，下午妈妈问他吃了什么？他说是面。第二天妈妈又问他中午吃什么了，他回答还是面。妈妈得知事实之后很生气："这么小的孩子就学会撒谎了，长大还得了……"为此，妈妈还责骂了明明好几次，但类似的现象还是不断地出现在明明身上。

案例 59 谁脱了菲菲的内裤？

在幼儿园，每隔几天菲菲就说自己腿疼，但经检查均正常。一天，菲菲家长生气地问老师："为什么班里男生将全班女生的内裤都脱了？菲菲内裤也被脱了？"老师吓了一跳，因为根本没发生过这样的事情。

开动脑筋 ●●●●●

👉 "案例58"中的明明为什么会将吃米饭说成吃面？你对妈妈责骂明明有何看法？

👉 "案例59"中的菲菲是不是严重说谎？如果你是带班教师，该如何对菲菲的家长进行说明？

寻找规律 ●●●●●

这是幼儿记忆发展中出现的"说谎"现象，发生这个现象的原因有两个。

（1）以幼儿的记忆存在着正确性差的特点，容易受暗示，常常会用自己虚构的内容来补充记忆中残缺的部分，把主观臆想的事情，当作自己亲身经历过的事情来回忆。

这种现象常被当成"说谎"，如"案例58"中的明明。明明喜欢吃面，他就将自己的喜好当成事实告诉了妈妈，被妈妈误以为是"说谎"。这恰恰是幼儿"说谎"这一现象的表现。

（2）幼儿常常会把自己想象的事情当作真实的事情，容易把现实与想象相混淆，常被成人误认为孩子在说谎。

"案例59"中的菲菲撒了个匪夷所思的"谎"，主要是最近菲菲的爸爸、妈妈忙于工作，对菲菲的关心不够，菲菲年龄小分不清自己的想象和现实。她第一次说自己腿疼时，爸爸、妈妈立刻表现出对她的关心，第二次，菲菲无意识地又把自己的想象告诉了爸爸、妈妈，引来爸爸、妈妈的再次注意。爸爸、妈妈的关心满足了菲菲想得到关心的心理需求，所以才会发生"案例59"中的现象。

幼儿"说谎"现象的处理方法

知道了引起幼儿"说谎"现象的原因，成人应该在生活中耐心地指导幼儿，帮助幼儿分清什么是假的，什么是真实的。明明的妈妈责骂的方式是不对的，妈妈应该弄清明明说谎的缘由，如果幼儿是由于记忆失实而出现言语描述与实际情况不符，那就不能看作是有意说谎，而是要耐心地帮助孩子区分事实和想象。对于菲菲的爸爸、妈妈，除了帮助菲菲区分事实与想象之外，还应该多陪伴菲菲，让菲菲感受到父母的爱，获得心理安全感。随着幼儿年龄的增长，幼儿的这种"说谎"情况会有所改变。成人要依事实认真分析，不能随便指责幼儿"不诚实"。"说谎"是幼儿记忆发展过程中出现的正常现象。

思考与实践

一、简答题

（1）什么是幼儿的"偶发记忆"？

（2）如何应对幼儿的"说谎"？

二、实践训练

假设明明的妈妈来请教你"明明说谎"的问题，请你利用所学的幼儿心理的原理尝试

跟明明的妈妈进行沟通。你会采用什么方法帮助明明的妈妈解决心中的疑惑呢？

（1）描述明明"说谎"的表现。

（2）向明明的妈妈说清明明"说谎"的年龄因素。

（3）尝试为明明的妈妈提出处理方法（1或2条）。

（4）上述过程可录像，与学生一起讨论，你在处理过程中的优点和不足。

实训指导4

一、实训目的

在小、中、大班选取相同主题的科学教育活动，通过观察记录幼儿教师为加强幼儿记忆采用的教育方法，分析这些方法背后依据的幼儿记忆特点、不同年龄阶段幼儿记忆的规律，并形成感性认识。

二、实训内容

1. 分别在小、中、大班选取相同主题的科学教育活动，通过拍摄或观察记录幼儿教师在活动中采用的活动方法，记录小、中、大班幼儿在这些活动中的言行反映。

2. 根据拍摄或观察记录结果，分析小、中、大班幼儿教师采用的活动方式对幼儿记忆产生的影响，分析总结哪些方法符合幼儿记忆特点和规律，尝试对活动的效果做出个人评价。

三、实训总结

1. 实训总结撰写重点。

（1）小、中、大班幼儿教师所用提高幼儿记忆的方法和手段。

（2）分析这些方法背后所依据的幼儿记忆特点和规律。

2. 实训报告撰写方式。

个人撰写、小组撰写、自由结合撰写等。

3. 实训报告上交原则。

可以根据实际情况，充分发挥学生的自主性和创造性，采取多种灵活形式完成。如文字总结、文字论文、自绘观察记录表＋文字分析说明、图形图表、PPT、情景演示、角色扮演、视频编辑或其他形式。

幼儿想象发展规律

第5章

➡ 本章案例学习专题

专题一　幼儿无意想象和有意想象的发展特点

专题二　幼儿再造想象和创造的发展特点

专题三　幼儿想象和现实相混淆

➡ 本章实训指导

专题一　幼儿无意想象和有意想象的发展特点

案例展示

案例 60　儿童的想象

看见云，立刻觉得云
很像汉堡包、冰激凌。

根据童话故事，幼儿绘
画出的"真甜"绘画作品。

案例 61　玩玩具

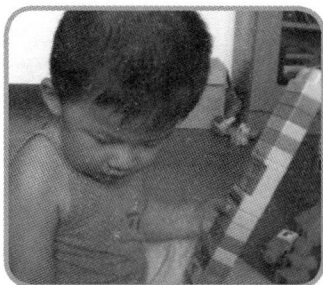

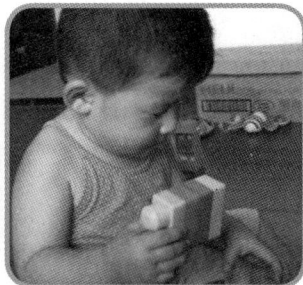

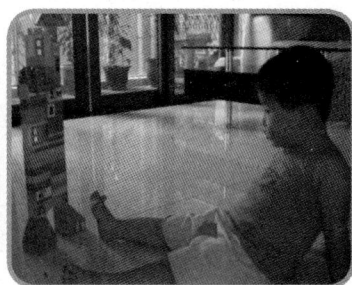

聪聪刚开始玩玩具时，妈妈问他："你想搭什么啊？"聪聪说："不知道。"
于是聪聪开始摆弄，玩得很专心，逐渐玩具在他手里有了一定的样子，最后聪聪指
着自己搭的玩具说："搭大楼。"

案例 62　我也做"麻花"

　　洋洋把各种颜色的橡皮泥都拿出一小块搓成了细条，然后把这些细条拧在一起，拿着它向其他小朋友说："看！我的大麻花多好看，有那么多颜色！"其他小朋友都投来了羡慕的目光。于是，其他小朋友也把手里的"活儿"放下，都用橡皮泥开始搓"大麻花"了。

案例 63　佳佳讲故事

　　一次，幼儿园的刘老师观察到，班里的小朋友都围着佳佳听故事，就听佳佳说："大马特别好玩，腿上有铁皮，妈妈和我去吃螃蟹，还到了海边，鱼游来游去……"佳佳的描述天马行空，一会儿飞到这儿，一会儿飞到那儿，随着讲解，佳佳还做着各种各样的动作，嘴里时不时发出大马的叫声、鱼游来游去的划水声，脸上快乐的表情表明她完全沉浸在自己的讲解中，其他小朋友也听得津津有味。这样的讲解足足持续了25分钟，但刘老师听了半天，也没有弄清楚佳佳到底在讲什么。

案例 64　老师让我"带娃娃"

　　3～4岁的幼儿抱着玩具娃娃时，只是静静地坐着。当老师说："娃娃饿了，快给娃娃吃饭吧"，或者"娃娃发烧了，快带她上医院吧"，这时幼儿才按照老师说的话给娃娃做饭，喂娃娃吃饭，或者带娃娃上医院，给娃娃量体温打针等。

开动脑筋 ●●●●●

☞ "案例60"中的幼儿是什么想象？

☞ "案例61"中的聪聪起先知道自己要搭什么吗？最后呢？这是什么想象？这反映出幼儿想象的什么特点？

☞ "案例62"中的幼儿为什么放弃自己原来的"活儿"，开始改搓"大麻花"？这是什么想象？这反映出幼儿想象的什么特点？

☞ "案例63"中佳佳的讲解天马行空，没有重点，这说明了幼儿想象的什么特点？

☞ "案例64"中的幼儿为什么需要在教师的提醒之后才会玩游戏？这反映出幼儿想象的什么特点？

寻找规律 ●●●●●

想象是人脑在一定刺激的影响下对脑中的形象进行加工改造而形成新形象的心理过程。想象是思维的一种特殊形式，是一种形象的思维，是以感知过事物的形象为基础，进行增加、删改、组合等改造加工过程之后，形成新形象的过程。想象能帮助幼儿掌握抽象概念，理解复杂的知识，创造性地完成学习任务，是幼儿理解新知识的基础。想象还是幼儿创造性思维的核心，人的创造力主要表现在创造性思维方面。创造性思维包括直觉、灵感、想象。对幼儿来说，创造性思维的核心就是想象。想象在幼儿的心理发展过程中具有重要意义。

按照想象目的性和自觉性的不同，可将想象划分为无意想象和有意想象。无意想象是在一定刺激的影响下，没有目的和意图，不由自主地进行的想象。如"案例60"中的幼儿，看到云的外形，不由自主地想象出冰激凌和汉堡包，这就是无意想象。而听过教师讲的故事之后，根据故事绘制了"雨水真甜"的绘画作品就是有意想象，有意想象是有目的性地、自觉地创造新形象的想象过程。

幼儿的想象是从无意想象，发展到有意想象的。在幼儿的想象中，无意想象占重要地位，想象的无意性具体表现在如下四个方面。

1．想象目的不明确

幼儿想象的产生常是由外界刺激物直接引起的，想象活动不能指向一定的目的，年龄越小，想象的目的性越不明确。在"案例61"中，刚开始妈妈问聪聪要搭什么，由于此

时聪聪的想象发展处于无意想象为主的阶段，因此聪聪不能预先想象出自己要搭建什么，但随着游戏中对玩具的摆弄，以及玩具的不断变化，他的想象主题才确定下来——搭大楼。这说明幼儿的想象缺乏目的性。

2．想象的主题易受外界的干扰而发生改变

幼儿初期的孩子，想象不能按一定的目的坚持下去，容易从一个主题转到另一个主题，并且易受外界的干扰而发生变化。"案例62"中的那些幼儿就是受到洋洋做成了"大麻花"的"诱惑"，放弃自己原先从事的想象活动，改变自己的想象主题，也开始做"大麻花"。这反映出幼儿想象既缺乏目的性，又容易受到其他事物干扰而发生改变的特点。

3．幼儿以想象的过程为满足

在"案例63"中，佳佳讲故事讲得天马行空，绘声绘色，却没有主题，也没有讲清任何一件事情的发生经过，但这并不影响佳佳的讲解，也不影响其他幼儿听得津津有味。佳佳的故事可能什么也没有说清，但幼儿却在自己想象的过程中获得了满足。

4．想象过程受兴趣和情绪的影响

在想象的过程中常表现出很强的兴趣性和情绪性。情绪高涨时，幼儿想象力就活跃，

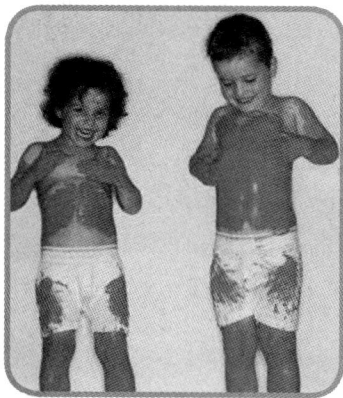

不断出现新的想象结果。如右图中的幼儿，他们在玩颜色，想象自己是红色的螃蟹、红色的旗帜……孩子们在想象过程中情绪高涨，伴随着每一次的想象，就在自己身上涂抹更多的红色，情绪促进了幼儿更多的想象加入。此外，对于感兴趣的游戏和活动，幼儿会长时间去想象，专注于这个活动；对不感兴趣的活动，则缺乏想象，往往是消极地应付或远离这项活动，在活动过程中，保持时间就很短。因此幼儿想象过程的方向、想象的结果、想象的丰富程度受其情绪和兴趣的影响较大。

幼儿想象以无意想象为主，但在正确的教育引导之下，会出现有意想象的萌芽。

"案例64"中的幼儿，在没有教师的引导之下，只是抱着娃娃静静地坐着，缺乏有意想象，不会自觉主动地进行想象活动。但通过教师对幼儿的提醒，幼儿能继续玩"照看娃娃""给娃娃看病"的游戏，能够根据成年人确定下来的主题，在一定的范围内进行有意想象。幼儿的有意想象需要成年人的组织和参与，成年人帮助幼儿明确想象的目的，设定想象的主题，提供想象所需的材料。经过一定时期的正确培养，幼儿后期的幼儿能够对想象内容进行一定的评价，想象的有意性不断提高。

培养幼儿想象力的方法 ••••••

培养幼儿的想象力，不仅能促进幼儿智力的发展，更重要的是对幼儿创新能力的培养具有重要意义，因此可以采取如下的方法培养幼儿的想象力。

1. 引导幼儿确定想象主题

幼儿需要成人的帮助明确想象的主题。例如，在开展关于"圆形"的想象活动时，幼儿教师可以提供一些由圆形构成的水果、玩具、物品等相关图片，引导幼儿围绕"圆形"展开想象。

2. 成人要保护幼儿的好奇心，鼓励幼儿大胆想象，营造宽松的心理氛围

幼儿的好奇心与幼儿的创造力发展成正比。例如，那些好奇心强的幼儿，他们敢想、多想、敢别出心裁，有较高的创造性。就像"案例63"中的刘老师，静静地听佳佳讲故事，让佳佳和其他小朋友自由想象，让幼儿处在民主、开放、自由宽松、包容的环境中，以促进幼儿想象的发展。有时幼儿的那些荒诞、离奇、不符合常规的想象恰恰是最有价值的，许多创造往往可以从中获得，所以要呵护幼儿的想象，让幼儿发挥奇思妙想的创造力。

3. 在活动中进行有目的、有计划的训练，以提高幼儿想象力

如在纸上画一些线条和几何形体，在此基础上自主创想、丰富完善图画；还可播放几组声音，让幼儿想象这几组声音里发生了什么事情；还可以将几幅图画的顺序打乱，让幼儿重新排序，然后讲讲整个事情发生的经过等。经常进行这样的训练，可使幼儿想象的内容既广泛又新颖。

思考与实践 ••••••

一、简答题

（1）什么是想象？什么是无意想象和有意想象？

（2）幼儿无意想象和有意想象的发展特点是什么？

二、实践训练

3岁幼儿手握玩具方向盘，嘴里不停"嘟嘟"叫着，想象自己是司机。但车开到哪儿，干什么，则不清楚，也不确定，请你分析：

（1）这是什么想象？

（2）体现出3岁幼儿想象的什么特点？

（3）如果你是幼儿教师，打算如何引导幼儿进行下一步游戏？

专题二 幼儿再造想象和创造的发展特点

案例展示

小 实 验

实验一：请你将"茄子"改成"企鹅"。

实验二：请你绘制一幅"现代化幼儿园"的图纸。

案例⑥⑤ 观察图中幼儿想象的内容

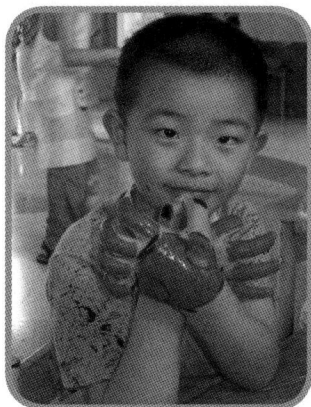

案例⑥⑥ 欢欢的想象

欢欢对长大的想象是这样的：她来到蛋糕店（就是欢欢家附近她常去的那家蛋糕店）看到美味的蛋糕，想吃多少就吃多少，糕点师做蛋糕，她想看多久就看多久，长大后自己也想开家"美味"的蛋糕店。

案例 67 幼儿的想象作品

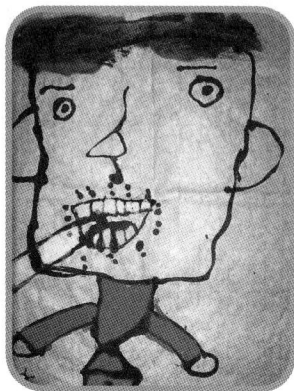

案例 68 细菌淘淘

　　小朋友们都不大爱洗手，教师用了不少方法效果都不佳，后来教师给他们讲起了"细菌淘淘的故事"。细菌淘淘长着绿头发，黑眼睛，个子很小很小，谁也看不见他，它得意地说："我想到谁肚子里就到谁的肚子里。有一次，点点不好好洗手，我趁他用手啃鸡腿的时候就钻进他的肚子，在他的肚子里吃好东西，还翻跟头，弄得点点肚子疼得要上医院，看我多厉害，今天我得换一个人。"说完细菌淘淘就钻进玩具里。恰好这时果果去玩玩具，孩子们大声说："别去，别去，有细菌。"教师继续说："但果果不知道啊。"细菌淘淘就趁机沾在了果果的手上，小朋友着急地说："快去洗呀！快去洗呀！"教师乘势问："现在，谁和果果一起消灭细菌淘淘？""我去，我去。"全班小朋友齐刷刷地举起了小手……

案例 69 《在月亮上荡秋千》

　　该作品是胡晓舟于 1979 年创作的，当时他年仅 6 岁，该作品在"我在二○○○年的生活"世界儿童绘画比赛中获一等奖。

开动脑筋 ●●●●●

☞ 你完成两个实验的时间一样吗？感觉完成哪个实验更困难？为什么？

☞ "案例65"中的幼儿想象的内容各是什么？各具有什么特点？

☞ "案例66"中，欢欢对长大后的想象有什么特点？

☞ "案例67"中，幼儿的想象作品最突出的是什么？

☞ "案例68"中的教师为什么要用"细菌淘淘的故事"对幼儿进行洗手教育？效果如何？

☞ "案例69"的"在月亮上荡秋千"绘画作品是什么想象？说明幼儿想象有何特点？

寻找规律 ●●●●●

按照内容的新颖性、独立性、创造性将想象分为再造想象和创造想象。再造想象是根据语言描述或图形示意形成相应新形象的过程。创造想象是根据一定的预定目的和任务以新方式独立得出新形象的过程。再造想象和创造想象都属于有意想象。

实验一对大家来说，将茄子改成企鹅是一种新形象。受大家不同的兴趣、爱好、知识、经验的影响，大家可以再造出许多的企鹅形象。左图只是众多再造企鹅形象的一种。因此，再造想象相对于创造想象在新颖性、独立性、创造性等方面的水平都比较低。

对于实验二，大家完成起来感到很困难，因为要设计一座现代化的幼儿园，需要大家进行创造想象。创造想象相对于再造想象，其新颖性、独立性、创造性的水平较高。首先，创造想象具有首创性的特点，创造想象创造出来的形象是所有人都不知道的，而再造想象制造出来的是描述者自己不知道，但现实生活中往往已经存在的形象。其次，创造想象具有独立性的特点，与再造想象不同，创造想象没有语言文字的描述或图样、图纸、符号等的示意，需要创造者自己独立

进行加工改造。最后，创造想象具有新颖性的特点。如上面的天鹅形像，完全是由人的手和手臂组合而成的。它从新的视角进行联想和连接，改变了原有的认知形象，摆脱思维的束缚，对事物进行重新加工改造。因此，要求大家绘制现代化幼儿园的任务完成起来较困难。

幼儿以再造想象为主，中班后再造想象出现了创造的成分。

幼儿再造想象表现出整个幼儿时期的想象在很大程度上具有复制性和模仿性，是较低发展水平的想象。幼儿再造想象从内容上可分为以下五类。

1．经验性想象

想象重现生活中的经验或作品中的情节。如"案例65"左图中的幼儿绘制出螃蟹的形象，是因为爸爸这两天刚刚带他下海捉过螃蟹，回家之后，他还吃了蒸螃蟹。"案例65"右图中的幼儿将自己当作军人，模仿军人持枪的想象，是因为他刚刚看过英雄打击罪犯的动画片。

2．情境性想象

幼儿的想象活动是由整个情境画面引起的。如看电视时看到奥特曼，就开始想象自己也是奥特曼在打怪兽。"案例66"中的欢欢对长大的想象就是能够在蛋糕店里尽情地吃蛋糕，连蛋糕店的样子，也是她常去的"味多美"蛋糕店。想象的内容既是来自她的经验和个人愿望，又是来自整个情境中。

3．愿望性想象

在想象中表露出个人的愿望。"案例66"中，欢欢想象自己长大后开家蛋糕店，成为"蛋糕师"。在这个想象中表露出她喜欢吃蛋糕的愿望。

4．夸张性想象

幼儿常常喜欢夸大事物的某些特征和情节。"案例67"中的幼儿想象作品，由于平时在家，妈妈是卷发，爸爸爱抽烟，因此当幼儿随意绘画时，他就将人物的形象画得十分夸张，夸张的大头上都是卷发和黄牙。这既表现出幼儿距离知觉的特点，又反映出幼儿喜欢夸大事物某些特征的想象特点。

5．拟人化想象

幼儿会将没有生命的事物当成有生命的人进行想象，用人的生活、思想、情感、语言等去描述，即"泛灵"现象。正因为如此，三四岁的幼儿喜爱童话故事，自己也常生活在童话世界之中。"案例68"中的幼儿园教师利用幼儿的想象特点给没有生命的细菌赋予"淘淘"这一人物形象，让细菌拥有和人一样的思维和行为，让幼儿在想象的过程中理解了不洗手的危害，有效地纠正了幼儿的错误行为。

以上五点是幼儿以再造想象为主的具体表现。幼儿期也是幼儿创造想象开始发展的时

期。幼儿后期能够对事物从新的角度进行加工。如"案例69"中6岁的胡小舟，他生活在1979年，对2000年生活的想象是小朋友们可以在月亮上荡秋千，对于一个6岁幼儿来说，表现出很高的创造性想象力，因此这幅作品获得世界绘画比赛"一等奖"。但总体来说，幼儿期幼儿想象具有明显的个体差异，幼儿想象的创造性成分不高，还是处于创造想象的初级阶段。

培养幼儿再造想象和创造想象的方法 ●●●●●

想象力的培养对幼儿创造性的发展具有不可忽视的作用。如何发展幼儿的想象力呢？可从以下几个方面来进行。

1．丰富幼儿脑中的形象

想象是思维的一种特殊形式，是一种形象的思维，它是以感知过的事物形象为基础的。例如，幼儿脑中存储的各类事物形象越多，想象的素材就越多，对幼儿想象力的发展就越有利。教师在各种活动中，要有计划地帮助幼儿积累丰富的形象，使他们多获得一些进行想象加工的"原材料"。

2．在游戏中鼓励幼儿大胆地想象

在游戏活动中，特别是角色游戏和造型游戏，随着扮演的角色和游戏情节的发展变化，幼儿的想象异常活跃。游戏的内容越丰富，想象就越活跃。教师应积极引导幼儿在各种游戏中大胆想象。

3．鼓励和引导幼儿大胆自由联想和发散思维

幼儿的思维特点决定了玩具和游戏材料是引起幼儿想象的物质基础。教师首先要多为幼儿提供玩具和游戏材料，如智力玩具魔棍、魔方等；其次，在游戏中可以鼓励幼儿从多角度探讨问题，鼓励幼儿的与众不同又不失合理的想法和答案，让幼儿独立思考，别出心裁，反复尝试，勇于探索。这样幼儿创造想象的能力和水平才能够不断地提高。

4．发展幼儿的语言能力

例如，在讲故事时，教师将故事的前半部分讲清楚，关键处就不讲了，让孩子自己结合个人经验进行想象。儿童在讲故事、复述故事、创编故事的过程中，会进一步激发想象活动，可以促进幼儿采用丰富、正确、清晰、生动形象的语言来描绘事物，幼儿语言水平的提高反过来又会让幼儿的想象更加丰富和深入。

5．幼儿园的多种艺术教育活动是培养幼儿想象发展的有利条件

美术活动中的主题画创作可以要求幼儿围绕主题展开想象，按照幼儿自己的意愿无拘无束地想象，幼儿能构思、创造出各种新形象；音乐、舞蹈是美的，幼儿可以在表演过程中，运用自己的想象去理解艺术形象，然后再创造性地表达出来。

思考与实践 ●●●●●

一、简答题

（1）什么是再造想象和创造想象？

（2）幼儿再造想象有什么特点？具体表现在哪些方面？

（3）想象对幼儿心理发展有什么意义？

二、实践训练

（1）小丽特别喜欢听《睡美人》的故事，她已听了许多遍还百听不厌。如果妈妈讲到小丽喜欢和熟悉的片段，小丽还会自己加上所编的简单情节。请你运用所学的幼儿心理学原理分析此现象。

（2）分组收集幼儿美术绘画作品5份。分析绘画作品的内容，从独特性、新颖性、创造性三个维度分析幼儿作品中想象的特点。

专题三　避免想象和现实相混淆

案例展示

案例❼⓿　"偷"东西？

亮亮很喜欢幼儿园里的一辆玩具汽车，幼儿园放学时，他就将小汽车放到自己的口袋里带回家玩。当爸爸知道了小汽车是亮亮从幼儿园"偷"回来的时，恰好爸爸最近读了不少幼儿心理学的知识，他立即克制住想顺手就给亮亮两个"大耳光"的冲动，告诉亮亮："汽车是幼儿园的东西，是不能带回家玩的，明天要交还给幼儿园教师"。

案例❼❶　我是奥特曼

最近，电视里在播放"奥特曼"，教师发现班里的男孩子们最近经常会在嘴里咕哝"嘿、哈，我是奥特曼"，还会做出像奥特曼一样的打怪兽的动作，有时还会出现将其他小朋友当作怪兽，对着别人就"嗨！嗨！"地打起来的现象。

案例❼❷　"教师吃人"

幼儿园里小班幼儿正在玩"狡猾的狐狸，你在哪里"的游戏，当教师扮演的狐狸逮着一只小鸡（由小朋友扮演），装着要吃他的时候，这个孩子就大哭起来，说："你是教师，怎么可以吃人呢！"并拼命地挣扎。

开动脑筋 ●●●●●

☞"案例 70"中的爸爸发现亮亮"偷"的行为后，为什么没打他？爸爸依据了哪条幼儿心理规律？

☞ "案例71"中的男孩子们为什么会打自己的小伙伴？

☞ "案例72"中的小朋友为什么会将教师当成"吃人的狐狸"？

寻找规律 ●●●●●

幼儿时期，幼儿常会将想象的东西和现实相混淆，但中、大班之后，幼儿逐渐能够分清想象和现实。幼儿的"想象与现实相混淆"的特点具体表现在以下三个方面。

1．把渴望得到的东西说成已经得到

"案例70"中的亮亮很喜欢幼儿园里的玩具，在亮亮的年龄阶段，他会将"自己喜欢的东西"当成"自己的东西"，现实与想象还没有很好地分开，于是他会将自己喜欢的玩具带回家玩。

2．把希望发生的事情当成已经发生的事情来描述

"案例71"中的男孩子们观看"奥特曼"时，被奥特曼的英雄形象吸引，希望自己也具有奥特曼一样的神奇力量。当孩子们模仿奥特曼的言行时，自己也变成了奥特曼，他的小伙伴则变成了"怪兽"，于是就发生了对着身边的伙伴打起来的现象。

3．在参加游戏或欣赏文艺作品时，往往身临其境，与角色产生同样的情节反应

"案例72"中的小朋友就是融入角色游戏后，一时弄不清现实和想象，把教师当成狐狸，把自己当成了小鸡，产生被吃的恐惧感，于是他将游戏和现实混淆了。

避免幼儿"想象与现实相混淆"的方法 ●●●●●

1．针对幼儿容易混淆想象和现实的特点，教师要避免引发幼儿恐惧、害怕的情绪

在活动前教师应对活动做一定的说明，活动中要进行解释，让幼儿明白这不是真的，避免幼儿害怕。"案例72"中的幼儿教师，可在开始扮演狐狸前，提前向幼儿解释这是教师扮演的"假狐狸"，防止幼儿在活动中产生害怕情绪。

2．利用幼儿"想象和现实相混淆"的特点组织教学

例如，教师在组织幼儿听故事和扮演角色时，让幼儿充分和故事中的角色产生共鸣，获得和角色相同的体验，以提高学习效果。

3．避免粗暴的教育方式

"案例70"中亮亮的爸爸，最近学习了幼儿心理特点。如果他没有掌握这些特点，很可能在冲动之下顺手就给亮亮两个耳光，孩子被打之后可能还不知道自己为什么挨打。因此，成人对孩子的行为要深入了解，多问孩子几个为什么，弄清楚幼儿内心的想法，切忌简单地将幼儿的行为归之为"说谎""偷窃"，然后不分青红皂白地进行严厉责骂，应避免给幼儿造成恐惧心理，帮助幼儿区分现实和想象，促进幼儿心理发展。

思考与实践 ●●●●●

一、简答题

幼儿想象和现实相混淆的具体表现有哪些？

二、实践训练

小张叔叔到欢欢家做客，欢欢拿着奥特曼正玩着，小张叔叔看见欢欢很喜欢，于是就说："欢欢，奥特曼给我玩玩吧！"欢欢正玩得开心，不愿将玩具给小张叔叔。于是小张叔叔说："你不给我，我就吃了你。"并张大嘴，做出要"吃人"的样子来。欢欢见状，一下跑到妈妈身边告状："妈妈，妈妈，小张叔叔要吃我。"请你用所学的幼儿心理学原理分析此现象。

实训指导5

一、实训目的

1. 通过拍摄小、中、大班的幼儿绘画作品，与相同主题的成人想象作品进行对比，对幼儿想象特点形成初步认识。

2. 通过拍摄幼儿园内富有创意的主题活动墙，向教师学习培养幼儿想象力的具体方法。

二、实训内容

1. 在小、中、大班拍摄收集幼儿绘画作品。

2. 根据拍摄到的作品，在绘画作品的主题、内容、创新水平等方面，与成人同类想象作品相对比，分析小、中、大班幼儿再造想象的发展特点。

3. 观察拍摄小、中、大班幼儿教师布置的主题墙。

4. 采访小、中、大班幼儿教师：平时采用哪些方法培养幼儿想象力？

三、实训总结

1. 实训总结撰写重点。

（1）幼儿想象作品在主题和内容、创新性上有哪些典型特点？

（2）根据这些作品，分析幼儿再造想象的特点？

2. 实训报告撰写方式。

选择个人撰写、小组撰写、自由结合撰写等。

3. 实训报告上交原则。

可以根据实际情况，充分发挥学生的自主性和创造性，采取多种灵活形式完成，如文字总结、文字论文、自绘观察记录表＋文字分析说明、图形图表、PPT、情景演示、角色扮演、视频编辑或其他形式。

幼儿思维发展规律

第6章

➡ 本章案例学习专题

专题一　幼儿思维发展的年龄趋势
专题二　幼儿形象思维的具体表现
专题三　幼儿思维形式的特点

➡ 本章实训指导

专题一　幼儿思维发展的年龄趋势

案例展示

案例⑬ "我画了一个鸡蛋！"

正在幼师二年级学习的王坤到幼儿园小班去实习，看见小班的幼儿正在绘画，王坤就问其中一名叫东东的男孩："东东，你想画什么？"东东说："我画大马。"然后他就在纸上画了一堆凌乱的线条、圆圈、圆点，其中没有一个能称为马的形状……最后，东东指着纸上的一个圆圈，惊奇地对王坤说："老师，老师，你看我画了一个鸡蛋！"

案例⑭ 边说边比画

4岁的涛涛讲故事时总是边讲边做动作。如讲到"大灰狼"时，会做出大灰狼的样子，讲到"兔子"时，会把手放到头顶上当兔子耳朵，讲到大灰狼要吃兔子时，会张大嘴巴做出吃的样子。

案例⑮ 蜡烛和电灯的共同点

幼儿园教师问小朋友说："蜡烛和电灯有什么相同之处呢？"小班的小朋友说："它们都是白的、长的"。大班小朋友说："蜡烛和电灯都能发光和发热"。

案例⑯ 幼儿园实验

教师要求幼儿借助于杠杆，去拿幼儿用手直接拿不到的糖果。教师设置了三种条件：第一种，可以直接摆弄杠杆，用直觉行动思维来解决问题；第二种，看图画中的有关事物，依据具体形象方式解决问题；第三种，要求幼儿只凭借语言抽象地找出解决问题的方法。实验结果见下表。

年 龄	直观动作思维	具体形象思维	抽象逻辑思维
3～4岁	55.0	17.5	0
4～5岁	85.0	53.8	0
5～6岁	87.5	56.4	15.0
6～7岁	96.3	72.0	22.0

开动脑筋 ●●●●●

☞ 为什么"案例73"中的实习教师王坤问东东想画什么时东东说画"大马"，但最后却惊奇地指着圆圈说自己画了"鸡蛋"？如果王坤问你，你会怎么做？你与幼儿做的有何不同？

☞ 为什么"案例74"中4岁的涛涛在讲故事的同时还要比划？与"案例73"中小班幼儿东东相比，4岁的涛涛思考问题时有哪些不同之处？

☞ "案例75"中的大班和小班幼儿回答教师"蜡烛和电灯有什么相同之处？"的问题时，谁回答得准确？为什么答案会存在不同？

☞ 你能尝试总结一下幼儿思维发展的年龄趋势吗？

☞ "案例76"的实验说明了什么？

寻找规律 ●●●●●

以上案例反映的是幼儿思维发展的年龄阶段特点，不同年龄阶段的幼儿具有不同的思维发展水平。具体表现在如下几个方面。

1. 2～3岁幼儿的直观动作思维非常突出，3～4岁幼儿也常有此表现

直观行动思维是指以直观的、行动的方式进行的思维，是最低水平的思维，这种思维活动是在动作中进行的，是手和眼的思维。3～4岁的幼儿，思维仍保留很大的直观行动性。直观行动思维具有如下特点。

（1）直观行动思维离不开幼儿自身的行动

幼儿需要在自身的动作中发现事物之间的内在联系。

如"案例73"中的东东，他的思维是在一边画一边想的过程中进行的。当实习教师王坤问他想画什么时，东东的思维缺乏事先的计划和预定的目的，无法先计划自己想画的事物，所以东东也回答不出王坤教师提出的"你想画什么？"的问题。

接下来东东开始绘画，他在活动的过程中有许多无效动作，并不断地进行尝试，时而画几条竖线，时而画画停停，时而画几条曲线……直到他画出一个圆圈之后，发现自己也没预想到会画出圆圈来，所以他指着圆圈惊奇地对王坤教师说他画了个鸡蛋，然后，东东的绘画动作停止，此时他的思维也结束了。

（2）思维离不开实物

幼儿离开了实物就不会解决问题。离开了玩具游戏就无法进行。"案例73"中的东东在绘画时，手里要有笔，面前要有纸，离开了纸和笔他就不会进行画画了。再例如，当幼儿手里有厨具玩具时，他就会玩做饭的游戏，当厨具玩具被拿走以后，他的做饭游戏也就结束了。

2．3～6岁的幼儿处于具体形象思维发展水平

具体形象思维是幼儿依靠事物在头脑中的形象，以及对形象之间的关系进行的思维，但仍然保留着感知动作思维方式。例如，"案例74"中4岁的涛涛在讲故事时，一方面思维还没有完全摆脱直观动作思维，还要做出与"大灰狼""小兔子"相对应的动作，思维还没有完全摆脱对动作同步性的依赖；另一方面他已经不需要借助于直接的动作和实物进行思考，能从自己的大脑中提取"大灰狼""小兔子"的形象和故事情节进行思维，思维具有了内隐性。这个阶段的幼儿在进行游戏、活动时，往往借助于他们头脑中的相关角色、规则和行为的形象来进行，具体形象思维是这一阶段幼儿的典型思维方式。

3．6～7岁后的幼儿出现了抽象逻辑思维的萌芽

抽象逻辑思维是指利用语言、符号、概念或词，根据事物本身的逻辑关系解决问题的思维过程。严格来说，幼儿期幼儿还不具备这样的思维，但6～7岁后会出现抽象逻辑思维的萌芽。如"案例75"中的幼儿园教师问小朋友说："蜡烛和电灯有什么相同之处呢？"小班的小朋友只能从两者的颜色和长短等表面特征进行比较。大班的幼儿能说出蜡烛和电灯都能发光和发热等重要特点，思维水平明显比小班幼儿有所提高，逐渐接近电灯和蜡烛都是照明的工具这一本质特性。

"案例76"的实验显示，只有15%～22%的幼儿能借用语言进行较抽象的思考。这反映出，随着幼儿年龄的增加，幼儿的抽象逻辑思维能力得到发展，出现了能够依靠对事物本质特性的了解并解决问题的现象。但总体来说，幼儿的抽象逻辑思维只处于萌芽状态。

利用幼儿思维发展的年龄趋势特点培养幼儿思维的方法

1．为幼儿提供大量的可以直接感知的玩具与活动材料

例如，小班幼儿的游戏和活动水平在很大程度上取决于游戏材料与玩具提供的水平，

没有充分的玩具和活动材料，幼儿的活动就不会有效开展。教师应该有计划地、有目的地、合理地提供活动所需的各种物质材料。

2．为幼儿提供活动与操作的条件与机会

组织幼儿开展各种活动，让幼儿能亲自动手，允许幼儿边操作边思考。

3．丰富幼儿头脑中的形象

各种事物在头脑中的形象是幼儿思维的基础。因此，要重视幼儿在各种活动中所积累起来的感性经验，使幼儿能在头脑中形成清晰的印象。

4．幼儿教师要引导幼儿积极思维

例如，在让幼儿比较重量的教学活动中，幼儿教师应依据幼儿的思维是以具体形象性为主的特点，在幼儿提出的各种解决问题的方法的基础上，指出幼儿方法中不恰当的地方，帮助幼儿一步一步深入思考，启发幼儿在原有思维的基础上，自主发现比较重量的恰当方法。

5．培养幼儿的抽象逻辑思维

幼儿中后期出现了抽象逻辑思维的萌芽。在幼儿园教学活动中，幼儿教师在具体形象性教学的基础上可以加入幼儿的概括、判断、推理等思维能力的训练。例如，当幼儿掌握了鸡、鸭、牛、羊、大象、老虎等动物的概念之后，教师可以在此基础上让幼儿进一步掌握植物、动物等概括程度更高的概念。此外，还可以让幼儿对日常用品进行分类，如对袜子、上衣、鞋子、水果、蔬菜等进行分类摆放，做分类游戏等，提高幼儿的抽象逻辑思维能力。

思考与实践

一、简答题

幼儿思维发展的年龄趋势是怎样的？

二、实践训练

幼儿园教师让小朋友观察"美猴王"，小朋友可以说出、做出了许多猴子的动作，但当教师让幼儿用纸撕出猴子的脸形时，大多数孩子都不知所措。那么幼儿为什么撕不出猴子的脸形来呢？

专题二　幼儿形象思维的具体表现

幼儿期的思维以形象思维为主，具体表现出如下的特点。

一、具体性

案例展示

案例77　放杯子

幼儿园里教师说："喝完水的小朋友把杯子放到柜子里去！"刚入园没多久的孩子们都看着教师站着不动。教师意识到后，马上说："明明，把杯子放到柜子里去吧！"于是明明理解了教师的话，把杯子放到柜子里去了。其他小朋友也纷纷效仿，理解了教师的意思。

开动脑筋 •••••

☞ "案例77"中的幼儿为什么对"小朋友"一词没有反应，但听到教师叫到"明明"的名字后就理解了教师的指示？

寻找规律 •••••

具体形象思维是幼儿期思维发展最主要的特征。这种特征在幼儿各种思维活动中都有表现，但在不同的年龄阶段，表现的程度不同。"具体性"是指幼儿思维的内容是具体的，幼儿在思考问题时，总是借助于具体事物或具体事物的形象来进行。

1. 幼儿容易掌握代表实际东西的概念，不容易掌握抽象的概念

如"交通工具"这个概念比较抽象，而"小汽车"这个概念较为具体，所以幼儿掌握"小汽车"这个概念比掌握"交通工具"这个概念要容易。

2. 幼儿对具体的语言容易理解，对抽象的语言则不易理解

如"案例77"中的幼儿不理解"小朋友"这一抽象泛指的词汇，所以刚入园的幼儿都不理解教师的指示，但教师马上调整之后，具体到"明明"这个称呼时，由于"明明"是指具体的某个小朋友，所以明明理解了教师让他做什么，同时也带动其他幼儿理解了教师的要求。对刚入园的幼儿来讲，"小朋友"这个词是抽象的，某个幼儿的名字和行为才是具体的。

3. 脑中必须要有事物的形象

对幼儿来讲，事物可以在眼前，也可以不在眼前，但他的头脑中必须储存过这个事物的形象。幼儿听故事的时候，其脑海中需要有故事人物的形象，才能理解故事。从幼儿经常提出的问题中也可以看到他们常常是依靠事物的具体形象来思考。如幼儿会问："风是谁吹的、月亮是谁把它挂到天上去的？"等。

二、形象性

案例展示

案例78 爸爸、妈妈是大海

教师教大家学儿歌："爸爸是蓝色的大海，妈妈是蓝色的大海，我是快乐的小鱼，在海里游来游去"。学了一会儿后，小朋友艾艾忽然顺着说："爸爸是蓝色的滑梯，妈妈也是蓝色的滑梯，我是快乐的宝宝，在滑梯上滑来滑去"。

开动脑筋 • • • • •

☞ "案例78"中的艾艾是借助什么来理解教师教授的儿歌的？这反映出幼儿思维的什么特点？

寻找规律 ● ● ● ● ● ●

"形象性"是幼儿以"具体形象思维为主"的主要表现特点之一。幼儿思维的形象性表现在，幼儿依靠事物的形象来思维。幼儿的头脑中充满着各种各样颜色和形状等事物的生动形象。例如：爷爷总是长着白胡子、奶奶总是花白头发、穿军装的才是解放军、兔子总是"小白兔"等。"案例78"中的幼儿就是在教师儿歌的启发下，虽然说不出儿歌中反映"爱"这个深刻的情感主题，但能根据头脑中爸爸、妈妈带他玩滑梯的形象，还有大海的蓝颜色，将滑梯和蓝色组合在一起，说出："爸爸、妈妈是蓝色的滑梯，我是快乐的宝宝"这些生动的话语来。这是幼儿借助事物形象进行思维的具体表现。

三、经验性

案例展示

案例79 往墙上抹油

一天，小朋友们正在吃晚饭。忽然，其中一位小朋友说："教师，天心往墙上抹油！"天心赶忙把小手缩了回来。教师问天心为什么往墙上抹油，他说："我爸爸给皮鞋擦油，皮鞋就会亮的，我往墙上抹油，让墙也变得亮一些"。教师肯定了天心的美好愿望。

开动脑筋 ● ● ● ● ●

☞ "案例79"中的天心为什么会认为抹油的墙会发亮？

☞ 从"案例79"中可观察到幼儿思维具有什么特点？

寻找规律 ••••••

"经验性"是指幼儿常根据自己的生活经验来进行思维,而不是根据逻辑推理进行思维。例如,幼儿将药倒入鱼缸中,当问他为什么时,他说:"我看见小鱼都不吃饭,它们肯定是病了,妈妈给我吃药后我就想吃饭了,小鱼也应该吃药啊!"。"案例79"中天心的思维也体现出了这个特点,他看到爸爸给皮鞋擦鞋油后皮鞋会变亮,于是就获得了"鞋油能使鞋子发亮"的经验。根据这条经验,他认为往墙上抹油也能让墙变亮。教师了解这是幼儿思维经验性的特点,非但没有批评天心,还积极肯定天心小朋友敢于尝试和试验、善于思考和探索的一面,保护了幼儿的好奇心。同时,这也是在培养幼儿的思维能力。

四、拟人性

案例
展示

案例⑧ 小金鱼别饿着

优优在自然角喂小金鱼时,一边喂一边说:"小金鱼,我喂你好吃的了,你要多吃一点儿,别饿着了,你有好朋友吗? 我的好朋友可多了,以后我会常来看你的"。

开动脑筋 ••••••

☞ "案例80"中的优优把金鱼当成什么了?

寻找规律 ••••••

"拟人性"是指幼儿往往把动物或者一些物体当成人来对待。他们赋予小动物、玩具

以人的行动经验和思想感情，和它们说话，把它们当作好朋友。"案例80"中的优优认为金鱼和他一样具有人的特征，将金鱼当成了自己的好朋友。这个时期的幼儿经常无意识地将没有生命的东西当作有生命的东西来对待。

五、表面性

案例⑧1 比较水的多少

　　两只同样矮而宽的杯子装着同样多的水，将其中一只杯子中的水倒入另一只高而窄的杯子里，让幼儿比较哪个杯子里的水比较多。幼儿说高而窄的杯子里水多。

开动脑筋 ●●●●●

　　☞ "案例81"中的幼儿为什么会认为高而窄的杯子里的水多呢？

寻找规律 ●●●●●

　　"表面性"是指幼儿思维只是根据接触到的表面现象来进行，往往只能反映事物的表面联系，而不是事物的本质联系。"案例81"的实验显示，同样多的水，当着幼儿的面倒入高而窄的杯子里，幼儿依据表面看到的两个杯子里的水位不一样高从而得出结论。通过"案例81"可以看出，幼儿思考问题是从事物表面联系而非本质联系进行思维的，其思维具有表面性。

六、刻板性

案例82 你是哥哥的弟弟吗？

一天，西西和爸爸在楼下的小花园里玩，遇到王爷爷，王爷爷问西西："你有哥哥吗？"西西回答："有。"王爷爷问："你哥哥叫什么名字？"西西说："叫欢欢。"王爷爷忽然又问："那欢欢有没有弟弟？"西西脆生生地回答："没有。"西西的回答让爸爸和王爷爷都哈哈大笑起来。

开动脑筋 •••••

☞ "案例82"中的爸爸和王爷爷为什么会哈哈大笑？

☞ "案例82"反映出幼儿思维具有什么特点？

寻找规律 •••••

"刻板性"是指幼儿的思维缺乏灵活性。"案例82"中的西西，正向思考没有问题，知道自己有哥哥，但反向思考自己是不是哥哥的弟弟时，则存在困难。幼儿思维不灵活，往往从单一或者自己的角度考虑问题，思维往往是固定的，容易认"死理"。幼儿从事物的相对视角考虑问题的能力不好，从而表现出思维"刻板性"的特征。

培养幼儿形象思维的方法 •••••

1. 教学时选用具体形象的教具

幼儿以具体形象的思维为主，他们掌握概念时，是借助于脑中的形象进行的。例如，提到小鸡时，要让幼儿看到小鸡，观察到小鸡的尖嘴、翅膀、腿、脚的形状，使幼儿逐渐

掌握"小鸡"一词，当再提到小鸡时，幼儿脑中就会有鲜活的形象。

2．提出思考问题，发展幼儿思维的灵活性

在采用具体形象的教具时，对于幼儿不能直接感觉的方面，应该提出问题，要求幼儿通过思考推测那些不能直接感觉的东西，或者逆向考虑事物的发展，而不能只满足他们的具体的、形象的思维特点。例如，让幼儿观察大雁南飞的图片之后，幼儿知道秋天大雁要到南方去了。这时教师可以提问："如果大雁不飞到南方会怎么样？"或者让幼儿猜测大雁去南方会干什么，然后总结大雁为什么要到南方去。教师应善于利用各种教学活动，灵活多变地提出问题，训练幼儿思维的深刻性、多样性和发散性等能力。

3．让幼儿运用脑中的形象进行逻辑思维

教师可以为幼儿提供连环画，并打乱连环画的顺序，让幼儿根据自己的观察对画中的人、景等进行排序，自己寻找图与图之间的联系，完成故事。或者教师只给幼儿故事的开头，让幼儿自己绘制连环画故事，借助形象发展其逻辑思维。

思考与实践 •••••

一、简答题

请你用表格的形式列举幼儿"形象思维"的特点。

二、实践训练

教师让大班幼儿计算 3+2=5 时，是这样提问的："3 块巧克力加上 2 块巧克力等于几块巧克力啊？"请你运用幼儿心理学的原理分析此现象。

专题三　幼儿思维形式的特点

一、幼儿概念的发展特点

案例
展示

案例83 什么是"狗"？

教师问："什么是狗？"

小班幼儿指着画或是玩具说："这就是狗。"

中班幼儿说："狗有四条腿，还长着毛呢！看到小花猫就汪汪叫。"

大班幼儿说："狗是看门的，狗还可以帮人打猎，狗也是动物，狼狗最厉害。"

开动脑筋 ●●●●●

☞ "案例83"中不同年龄阶段幼儿对"狗"概念的掌握有何不同之处？

☞ 幼儿对概念的掌握在不同年龄阶段各有什么特点？

寻找规律 ●●●●●

思维的基本形式是概念、判断、推理。幼儿掌握的概念主要是日常的、具体的，与熟悉的物体和动作相关，如鞋子、帽子、电视、汽车，走、跑、拿、举起等。在环境与教育的影响下，幼儿后期还可以掌握一些较为抽象的概念，如团结、勇敢、礼貌等。另外，幼儿所掌握的概念还不太稳定，容易受周围环境的影响。

1. 幼儿初期

幼儿所掌握的实物概念主要是他们所熟悉的事物，给物体下定义多属直指型。如问幼

儿"什么是狗？"，他就会指着画上的形象或玩具说"这是狗"。

2．幼儿中期

幼儿已能掌握事物某些比较突出的特征，由此获得事物的概念。他们给物体下定义多属列举型，这时幼儿对"什么是狗"的回答会变成："狗有四条腿，还长着毛呢！看见小花猫就汪汪叫"。

3．幼儿后期

幼儿开始初步掌握某一实物的较为本质特征，如功用的特征或若干特征的总和。他们给物体下的定义多为功用型，但仍带有对事物描述的成分。他们对"什么是狗？"的回答是"狗是看门的""狗还可以帮人打猎""狗也是动物""狼狗最厉害"等。

此外，幼儿掌握空间概念和数字概念的时间都晚于对实物概念的掌握，而且掌握起来比较困难。

思考与实践 ●●●●●

一、简答题

幼儿掌握概念的年龄发展特点是什么？

二、实践训练

请你到幼儿园观察中、大班幼儿教师的课堂教学，并记录幼儿教师的教学过程，分析幼儿教师帮助幼儿理解概念时采用的方法。

二、幼儿判断、推理的发展特点

案例展示

案例84 鲜奶

童童问妈妈："为什么称江先生为'先人'？"

妈妈回答："我们把死去的人称为'先人'。"

童童问："那去世的奶奶是不是就叫'鲜奶'？"

案例⑮ 老师，你爸爸来接你了！

中班于老师的男朋友来幼儿园看望于老师，小朋友们见有人来，一起跑到于老师面前大喊："老师，老师，你爸爸来接你了。"

案例⑯ 教师的问题

教师问："哥哥吃了 4 块糖，弟弟吃了 2 块糖，他们一共吃了几块糖？"结果，孩子们回答："为什么哥哥吃那么多的糖？应该大家平分。"

案例⑰ 滚下的皮球

问中班的鑫鑫"为什么皮球会滚下来呢？"，鑫鑫回答说："因为它不愿意待在椅子上"。问大班的萌萌，萌萌说："皮球是圆的啊，它要滚呀！"

开动脑筋 ●●●●●

☞ "案例 84"中的童童是根据什么得出"鲜奶"的结论的？

☞ "案例 85"中的小朋友为什么将于老师的男朋友说成是于老师的爸爸？

☞ "案例 86"中幼儿的回答和教师的提问之间有何关系？

☞ "案例 87"中大、中班幼儿的回答各有什么特点？

寻找规律 ●●●●●

由于幼儿以具体形象思维为主，所以幼儿对事物的判断推理常从事物的外在和表面的特点出发，判断和推理常常不符合逻辑。具体表现在以下几个方面。

1. 依据事物表面现象或偶然的外部联系进行判断和推理

"案例 84"中的童童，判断去世的奶奶是"鲜奶"依据的是"先""鲜"的发音相同。"案例 84""案例 85"都说明幼儿往往把直接观察到的事物表面现象或事物之间偶然的外部联系，作为判断的依据。

2．以自身的生活经验作为判断、推理的依据

如"案例85"中的中班幼儿，根据爸爸来幼儿园接自己的经验，推理出来幼儿园看望于老师的男士也应是于老师的爸爸。幼儿常常会以自己经历过的事情和自身感受作为判断和推理的依据。

3．判断和推理缺乏目的性

"案例86"中的教师要求幼儿回答"4块糖加2块糖等于几块糖？"的问题，幼儿却转向了分糖是否公平的问题上。幼儿的判断和推理不能依据目的和任务进行。

4．幼儿随年龄增长判断和推理的论据逐渐明确与合理

"案例87"中的大班萌萌回答"为什么皮球会滚下来呢？"的问题时，他的答案是"皮球是圆的"。对于中班的鑫鑫来说，鑫鑫根据自身经验做出的判断，其论据也是成立的。随着幼儿年龄的不断增长，幼儿的判断和推理逐渐趋向合理。

思考与实践 •••••

一、简答题

幼儿判断、推理有何特点？

二、实践训练

请你到幼儿园观察中、大班幼儿教师的课堂教学，并记录幼儿教师的教学过程，分析幼儿教师帮助幼儿判断、推理采用的方法。

三、幼儿理解的发展特点

案例展示

案例 88 都去上厕所

兰兰想上厕所，听到兰兰要上厕所，其他小朋友也喊着要去，教师正在忙着给小朋友们准备画笔，一时生气地说："去，去，去，你们都去！"结果，小朋友们都高高兴兴地一块儿去上厕所了。

案例89 你真能

小勇在教师讲课的时候，不时地东张西望，一会儿动动玩具，一会儿做做鬼脸。教师实在看不下去了，用讽刺的口气说："小勇，你真能啊！全班就你最能！"结果，小勇越发地淘气起来。

开动脑筋 ●●●●●

☞ "案例88"中教师的意思是什么？幼儿对教师所说的话的反应是什么？

☞ "案例89"中的小勇为什么在教师 "讽刺"之后越发地淘气了？

☞ 从"案例88""案例89"中可以发现幼儿理解有什么特点？

寻找规律 ●●●●●

这是幼儿理解的特点。幼儿以直接理解为主，理解得不深刻，具体表现在以下几个方面。

1. 幼儿对事物的理解常常是孤立的，不能发现事物之间的内在关系

年龄越小的幼儿，这个特点表现得越明显。"案例88"中的幼儿只听到教师说"去"，没有注意到教师生气的表情和语气，看不出二者之间的本质联系，所以就按照教师说的"去"高高兴兴地去上厕所了。

2. 幼儿主要依靠事物的具体形象来理解事物

幼儿以具体形象思维为主，幼儿理解事物时，要借助于图形或实物来辅助理解。幼儿后期，幼儿能够通过生动的语言引发头脑中的事物形象来进行理解。

3. 幼儿对事物的理解往往是表面的，不能理解事物的内部含义

如"案例89"中的小勇，他上课不专心，受到教师的批评，但教师用的是讽刺的口气，小勇听不出教师说他"真能"的潜在含义，认为教师是在表扬他，所以越发地淘气了。

培养幼儿理解力的方法 ●●●●●

"案例89"中的幼儿教师违反了幼儿心理学的规律，犯了"反话正说"的错误，让幼儿产生了错误的理解。因此，幼儿园的教育要坚持正面教育，不要对幼儿说"反话"，进行"讽刺"，教师要结合具体形象的事物，采用正面教育的方式，帮助幼儿正确理解事物之间的关系和内在联系，提高幼儿的理解能力。

思考与实践 • • • • •

一、简答题

幼儿理解的发展特点有哪些？

二、实践训练

幼儿园教师为什么不能"正话反说"？

实训指导6

一、实训目的

1. 通过观察记录小、中、大班游戏活动，对小、中、大班幼儿的具体形象思维的发展特点形成感性认识。

2. 通过观察记录小、中、大班教师对幼儿游戏的指导方法和方式，体验幼儿教师培养幼儿思维的方法和特点。

二、实训内容

1. 分别在小、中、大班选取游戏活动，观察并记录活动过程，重点如下：

（1）向幼儿教师了解小、中、大班幼儿的游戏目标，然后始终根据游戏目标观察并拍摄游戏中幼儿采用的游戏器具和方法。

（2）幼儿在游戏中的言行表现。

（3）小、中、大班教师对幼儿游戏的指导过程。

（4）游戏结束时是否实现游戏目标。

2. 根据上述观察和拍摄的资料分析总结小、中、大班幼儿在游戏过程中的表现体现出了小、中、大班幼儿的哪些思维特点？

3. 分析小、中、大班幼儿教师对幼儿游戏的指导方法。尝试讨论并分析指导方法依据了幼儿的哪些思维特点？尝试评价这些方法对提高幼儿思维水平的效果如何？

三、实训总结

1. 实训总结撰写重点

小、中、大班幼儿游戏过程中的言行反映出的幼儿的思维特点。

尝试分析以幼儿游戏效果评价小、中、大班幼儿教师指导幼儿游戏方法上的优缺点。

2. 实训报告撰写方式

个人撰写、小组撰写、自由结合撰写等。

3. 实训报告上交原则

可以根据实际情况，采取多种灵活形式完成。充分发挥学生的自主性和创造性。例如文字总结、文字论文、自绘观察记录表＋文字分析说明、图形图表、PPT、情景演示、角色扮演、视频编辑，以及其他形式。

第7章

幼儿情绪情感发展规律

本章案例学习专题

本章实训指导

专题一　情绪和情感对幼儿心理发展的作用

案例展示

案例90 抱小狗

　　遇到一只小狗，宝宝多次恳求妈妈要抱抱小狗，终于获准后，宝宝拥抱小狗的瞬间表情。

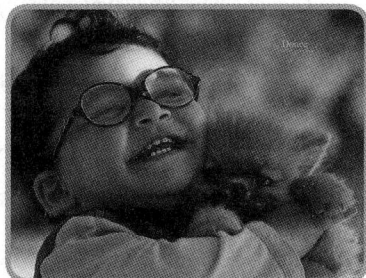

案例91 糖被抢走

　　孩子刚要放进嘴里的棒棒糖被抢走的那一刻的表情。

案例92 幼儿和毛毛虫

正在寻找毛毛虫的幼儿

看见毛毛虫就逃跑的幼儿

案例 93　幼儿的各种表情

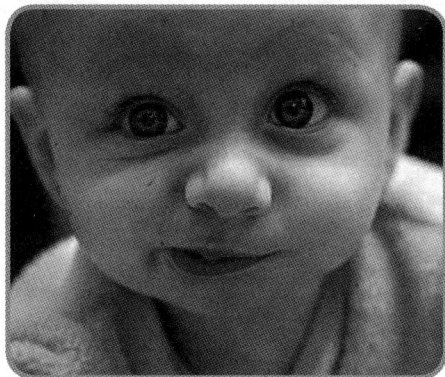

开动脑筋 ●●●●●

☞ "案例90"中的幼儿内心有什么感受？是什么引发他的感受？

☞ "案例91"中的幼儿内心有什么感受？是什么引发他的感受？

☞ 从"案例90"和"案例91"中，你能发现幼儿的情绪和情感与什么有关，它们之间存在什么关系？

☞ 你能说出"案例92"中的幼儿各是什么情感？是什么原因导致"案例92"中有的幼儿主动寻找毛毛虫，有的幼儿见到毛毛虫就逃跑？情绪、情感和幼儿行为之间存在什么联系？

☞ "案例93"中的幼儿的表情和情感之间存在何种关系？这说明情感具有什么特点？

寻找规律 ••••••

1. 什么是情绪和情感

情绪和情感是客观事物是否符合人的需要产生的态度体验。当幼儿的需要得到满足时，幼儿就会产生高兴、愉快、喜悦等积极情感。如"案例90"中的幼儿拥抱小狗的愿望终于得到满足时，他感到愉快。当幼儿的需要没有得到满足时，幼儿会产生愤怒、生气、焦虑、恐惧等消极情感。如"案例91"中的幼儿想吃糖的需要没有获得满足，幼儿感到伤心和愤怒。

2. 情绪和情感的功能

情绪和情感具有调节功能和信号交际功能。

（1）情绪和情感的调节功能

情绪、情感的调节功能是指情绪、情感对幼儿的行为具有推动或抑制作用。"案例92"左图中的幼儿觉得毛毛虫很有趣，就会主动去寻找毛毛虫，幼儿拥有积极的情绪，这使得幼儿喜欢探索和接近那些引发积极情绪的事物。人处在消极情绪状态时，很容易悲观失望，放弃自己的愿望，有时甚至会产生攻击性的行为。"案例92"右图中的幼儿，因恐惧毛毛虫而产生退缩行为引发消极情绪。一般来说，消极情绪对幼儿的智力活动具有明显的抑制作用。研究表明，幼儿情绪过度兴奋和抑制都不利于幼儿的智力发展。而适中的情绪可提高幼儿智力活动效果。这其中幼儿的兴趣起到了核心作用。

（2）情绪和情感的信号交际功能

情绪、情感还有信号交际功能。"案例93"中的幼儿无须语言，大家通过他们的表情可知，有的生气、有的惊讶、有的喜悦。这说明情绪和情感是幼儿向他人表达、传递自身需要及状态的信号。

培养幼儿健康情绪的方法 ••••••

积极的情绪能让幼儿产生积极的行为，消极的情绪可导致幼儿的消极行为。培养幼儿的健康情绪十分重要。为了培养幼儿的健康情绪应注意以下两个方面。

1. 家庭中爸爸妈妈关系和谐融洽

家庭气氛是幼儿情绪学习的关键场所，爸爸妈妈相互关爱、相互尊重，积极情绪为主

导，这样幼儿也会逐渐形成积极良好的情绪。反之，爸爸妈妈关系恶劣、争吵不断，幼儿也会产生焦虑、自卑、恐惧等情绪。

2．幼儿园教师的情绪要饱满，同事之间关系要和谐

幼儿园教师的情绪及带班教师之间的关系，能影响到教师对幼儿的情绪情感。如果带班教师情绪饱满、教师之间关系良好，就能够培养幼儿对教师的信任，和教师之间建立温馨的师生关系，从而敢于向教师表达自己的情绪情感，能够无拘无束地在幼儿园里生活。

思考与实践 ●●●●●

一、填空题

（1）情绪和情感是客观事物＿＿＿＿＿人的＿＿＿＿＿产生的态度体验。

（2）当幼儿的需要得到满足时，幼儿就会产生＿＿＿＿＿情感。

（3）情绪、情感具有＿＿＿＿＿和＿＿＿＿＿的功能。

二、简答题

（1）什么是情感？情感具有哪些功能？

（2）幼儿情绪、情感对幼儿心理发展有什么作用？

三、实践训练

请你到幼儿园拍摄反映幼儿情绪、情感的照片并制作成PPT。

专题二　幼儿情绪情感易冲动

案例展示

案例94 抢风筝

　　刚上大班的刘敏总是一个人活动，很少与同伴合作游戏。一天，体育活动时，淇淇拿塑料风筝在操场上跑起来，其他小朋友看到风筝尾巴随风飘扬，羡慕不已，纷纷放下手中的器械追起风筝，纷纷说："淇淇，给我玩一下嘛！"旁边观察了好久的刘敏一个箭步跑过去，迅速从淇淇手中抢到风筝并远远地把其他孩子甩在身后跑开，并时不时回头看同伴，脸上露出得意的神情。淇淇带着哭腔向教师告状："老师，刘敏抢我的风筝。""就是，他每次都喜欢抢别人的东西。"旁边的小朋友也开始告状，"昨天，他还打了城城一拳。""我们都不喜欢他。"孩子们对刘敏的投诉、抱怨天天都有。

开动脑筋 ●●●●

　　☞ 从"案例94"中的刘敏的行为，你能看出他有什么样的情绪特点吗？

寻找规律 ●●●●

　　这是幼儿情绪易冲动的现象。幼儿的情感容易受到外界事物的刺激而表现冲动。情绪常常处于激动状态，来势猛烈，全身心往往受到不可遏制的情绪威力所控制，且往往无法自控。年龄越小，这种冲动性越明显。"案例94"中的幼儿的情绪现象都显示出这一特征。

　　"案例94"中的刘敏突然抢夺其他幼儿的风筝，显示出幼儿克制不住内心的情绪，对

情感的控制力不强，情感冲动性大。有时幼儿想要什么东西而无法获得时，往往会马上大哭大闹起来，短时间内难以平静下来，即便成人要求他们"不许哭"，幼儿也往往什么都听不进去，继续哭闹。

一般来说，随着年龄的增长和幼儿语言能力的提高，幼儿逐渐能够接受成人的要求，调节控制自己的情绪。到了幼儿后期，幼儿情绪的冲动性逐渐降低，他们对情绪的调节控制能力不断提高。

培养幼儿良好情绪的方法

1．明确规范

幼儿教师可以根据幼儿的年龄做出适当的处理。例如，如果出现上述案例中的现象，对年龄较小的幼儿，教师可先允许幼儿的情绪逐渐平静下来，如抱抱孩子、给孩子擦擦泪水，幼儿情绪平静之后可以再对其进行教育。对于中、大班的幼儿，教师可以在日常生活中与幼儿共同建立一定的行为规范，引导幼儿懂得行为规范的意义，引导幼儿对自己的情绪做出评价。幼儿发展出对自己的情绪进行判断的能力后，他才有可能进行情绪自控。

2．让幼儿认清情绪的特点和情绪反应之后引发的后果

成人在组织幼儿教育活动时，帮助幼儿认清一些过激的、无理的情绪产生的后果。成人可以采取"冷处理"的方法，但切忌责骂幼儿，可以根据幼儿的心理特点，采取因势利导的方法，疏导幼儿情绪。

思考与实践

一、简答题

幼儿情绪情感易冲动表现在哪些方面？

二、实践训练

乐乐的妈妈向你请教：乐乐和妈妈一起逛商店时看见一个漂亮的玩具，马上要妈妈买，妈妈拒绝后，乐乐马上在商场里大哭大闹起来。请你分析乐乐的心理特点，并帮助乐乐的妈妈找到好的应对方法。

专题三　幼儿情绪情感不稳定

案例展示

案例95 入园第一天

这是欣欣上幼儿园的第一天，爸爸妈妈送欣欣进入教室的时候，欣欣一点也没闹，还到处走走，好像在自己家里一样。但当爸爸妈妈说他们要上班去了，让欣欣听赵老师话时，欣欣开始紧紧地拽住妈妈的衣服不撒手。当爸爸妈妈终于挣脱欣欣的拉拽"逃"出教室时，欣欣爆发出声嘶力竭的哭喊声。"逃"出门外的妈妈，实在忍不下去了，回来用无奈和心疼的口气对赵老师说："要不今天就让她回家吧，让奶奶看着，明天再来。"在一边的赵老师这时迅速拿出一块花布盖在自己的头上，问欣欣："欣欣，欣欣，快看，老师去哪儿了？"欣欣马上停止了哭闹，开始好奇地看着赵老师，还想用手摸摸那块花布。看到此景，赵老师迅速地拉开花布，当欣欣再次看到赵老师的笑脸时"咯咯咯……"地笑了起来，赵老师趁势抱过欣欣，妈妈舒了一口气，安心地离开了幼儿园……

案例96 我也和你一样

小（1）班幼儿上幼儿园不久，班里一个小朋友忽然想妈妈了，其他小朋友本来没哭，可看到这个小朋友哭，他们也跟着要妈妈，一起开始哭起来。上午在加餐喝牛奶时，教师让孩子们排队，萌萌排队时开始玩起杯子，他先是拿着杯子当玩具陀螺在桌子上转圈，后来又开始当作鼓槌在桌子上敲了起来，萌萌越敲越开心，接下来，其他孩子也开始学萌萌用杯子敲桌子，教室里顿时乱作一团。

小班幼儿也经常会发生一个孩子笑，大家都笑的现象。

开动脑筋 ••••

☞ "案例95"中的欣欣的情绪随着事件发展出现了哪些变化？你是怎么看待赵老师

的处理方法的？

☞ "案例96"中的幼儿为什么会和其他小朋友有一样的表现？

寻找规律 ●●●●●

这是幼儿情绪不稳定的现象。

幼儿的情绪变化快，不稳定，经常表现为两种对立的情绪在短时间内互相转换。例如"案例95"中的欣欣，因为爸爸妈妈的离开而焦虑，大哭起来，教师采用游戏的方式缓解欣欣的焦虑之后，欣欣马上又能"破涕为笑"，这种现象在小班幼儿中很突出。幼儿的情绪不稳定有以下两个方面的原因。

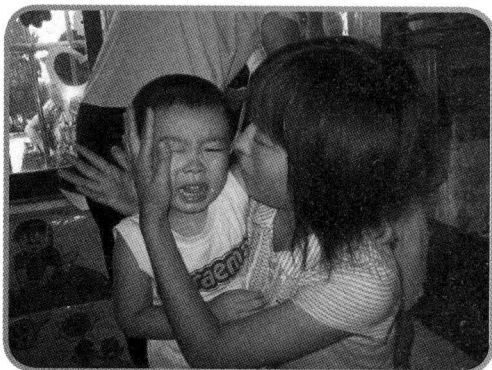

首先，他们的情绪不稳定性与他们易受情境的影响有关。他们的情绪常常因周围某种情境的出现而产生，又会随着此情境的消失而消失。如"案例95"中新入园的欣欣，爸爸妈妈在时，她的情绪稳定，表现出像在自己家里一样的自然，爸爸妈妈准备离开，她开始焦虑，教师同她做游戏，她的情绪马上又愉快起来。欣欣的情绪容易受周围情境的影响而发生变化。

其次，幼儿容易因为感染与暗示而发生相应的情绪变化。如"案例96"中的幼儿，一个幼儿哭，其他幼儿也跟着哭；一个开始开心地敲杯子，其他幼儿也开始敲击；一个幼儿笑，其他幼儿也跟着笑。但如果成人问其中的一个幼儿为什么哭和笑时，他往往无法回答出原因。随着年龄的增长，幼儿情感稳定性会逐渐增强。

培养幼儿情感稳定性的方法 ●●●●●

1. 成人要在幼儿面前保持良好的精神状态，以身作则

幼儿的情绪容易受到暗示，也容易被感染，成人的情绪可以直接影响幼儿，使之产生同样的情绪。他们的情绪容易受到家长和教师的感染而发生变化，所以家长和教师在幼儿

面前必须控制自己的不良情绪。教师作为幼儿日常生活的组织者，其情绪好坏直接影响着全班的小朋友。幼儿教师要创设轻松、愉快、和谐的环境，用自身良好的精神状态感染幼儿，让幼儿产生积极的情绪体验，这种积极的情绪体验会成为一种情绪背景，渗透到幼儿一天生活的方方面面。因此，幼儿教师无论自己内心有什么不良情绪，在幼儿面前都要注意保持良好的精神状态，这是幼儿教师职业道德的要求。

2．成人要对幼儿保持正确的态度，爸爸妈妈和教师对儿童有较大影响

爸爸妈妈和教师是幼儿每天都在接触的人，幼儿希望得到爸爸妈妈还有教师的肯定。成人对幼儿的态度也通过自身的情绪传递给幼儿，成为影响幼儿情绪的重要原因。幼儿受到成人的表扬时，会产生积极情绪；受到成人批评时，又会产生消极情绪。如果成人不注意对待幼儿的态度，长期采用批评、否定的方式，会直接影响幼儿的情绪发展。研究表明，成人如果对孩子多给予鼓励且态度温和、热情帮助，幼儿往往情绪愉快、活泼热情、积极性好、自信心强；如果成人经常教训幼儿且态度粗暴、生硬冷淡，幼儿会表现出主动性差、自信心不足、情绪萎靡，适应周围环境的能力差。所以成人要采取正确的态度对待幼儿，以温和、鼓励、热情的态度为主。

3．教师要营造和谐关爱的师生氛围

例如，如果一个孩子觉得教师喜欢他，且和其他幼儿容易相处，他就会爱上幼儿园，在幼儿园里过得愉快。如果教师总是不理睬他，或者不断地教训他，小朋友也不爱跟他玩，这个孩子就不愿意上幼儿园，在幼儿园里也会感到孤独、寂寞，心情不好。对待那些受到排斥和被忽视的幼儿，幼儿教师要注意引导，使这类幼儿能够逐渐和小伙伴们友好相处，获得同伴的情感支持。因此，幼儿教师要营造一种愉快和谐、团结友爱、相互帮助的师生氛围，让幼儿在幼儿园里过得很愉快。

思考与实践 ●●●●●

一、简答题

幼儿的情绪情感不稳定表现在哪些方面？

二、实践训练

请你到幼儿园采访有经验的小班幼儿教师，记录她们应对小班幼儿入园哭闹的方法，并利用幼儿心理学的原理对其方法进行分析。

专题四 幼儿情绪情感易外露

案例展示

案例97 幼儿的情绪表现

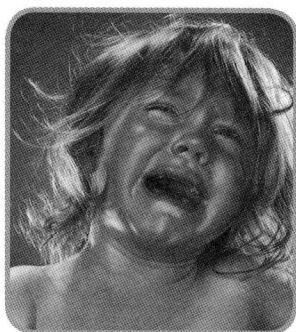

案例98 我不哭……

磊磊刚入幼儿园，妈妈离开后，他能和小朋友们玩一会儿，但一想起妈妈不在，他就开始哭泣，当教师抱着他，并且告诉他："妈妈下班就来接你了，磊磊不哭了"。磊磊一边哭，一边问："妈妈下班就来接我了吗？不哭，不哭……"但磊磊还是忍不住继续哭。

案例99 老师没有表扬我

　　毛毛和幼儿园里的小朋友一起帮助教师整理美术用具，但由于帮忙的孩子比较多，教师表扬的时候，没有提到毛毛的名字，同时教师也没注意到毛毛的反应。晚上回家时，毛毛一见到妈妈，马上委屈地哭了起来，然后告诉妈妈："老师没有表扬我。"

开动脑筋 •••••

　　👉 你能从"案例97"中的图片中观察出幼儿具有哪些情绪状态吗？

　　👉 "案例98"中的磊磊为什么自己说"不哭，不哭……"，可还是哭？

　　👉 "案例99"中的毛毛为什么回家跟妈妈哭诉却不跟教师哭诉？

　　👉 从案例中可以总结出幼儿的情绪情感具有什么特点？

寻找规律 •••••

幼儿情绪具有外露性特点。

　　幼儿初期孩子情绪和情感具有明显的外露性，从"案例97"中一系列幼儿的情绪情感表现和行为表现中能够看出，幼儿初期孩子对自己的情绪不加掩饰，想哭就哭，想笑就笑。他们的情绪完全表露在外。

　　幼儿初期的情感具有明显的外露性。这种外露性往往是孩子们调节自己情绪的能力不强，对自己情绪的控制能力差，不能完全控制住自己的情绪所致。有些刚入幼儿园的孩子，像"案例98"中的磊磊一样，一想起和爸爸妈妈分离就开始哭泣，一边哭一边问教师："我妈妈下班就来接我了吗？"此时的幼儿，虽然开始产生一些自我调节情绪的意识，但他们还不能完全控制住自己的情绪。

　　在幼儿后期，情感的外露性在一定范围能得到控制。幼儿在教师或者他人面前能够将情感进行一定的控制，但在爸爸妈妈面前，却较少控制自己的情感。"案例99"中的毛毛在教师面前受到了委屈，能够克制自己，不哭。但在妈妈面前，他的情感不加克制，直接表达出了自己的委屈情绪。这说明幼儿后期的情感在一定范围具有了一定的自我控制能力，幼儿情绪情感的自我调节性得到了一定的发展。在正确的教育方式下，幼儿对一些消极的

情绪，也能加以自我调节。例如，打针时可以不哭，想玩的玩具等需要得不到满足时也能克制自己的消极情绪。

引导方法 •••••

1. 成人要善于发现和辨别孩子的情绪

例如，平时积极活泼的孩子突然沉默不语，平时温顺内向的孩子出现攻击和粗鲁行为，很可能是孩子发泄自己情绪的方式。在日常生活中，许多事情会导致幼儿紧张焦虑，甚至引发幼儿心理失衡。因此，成人要善于发现幼儿的情绪表现，寻找引发不良情绪的原因，引导幼儿认清自己的情绪，化解孩子心中的紧张和焦虑，允许孩子以适当的方式表达自己的情绪。

2. 引导幼儿的积极情感，使得积极的情感成为幼儿情感的主旋律

幼儿也有各种各样的情感，而且有时他们的情感会敏感而脆弱，成人的保护、关心和正确的引导，对幼儿良好情绪的发展具有重要意义。成人可以通过幼儿的情绪表现来分析幼儿的内心世界，对有益的情感，要及时表扬并加以保护，对不良的情绪和行为，要积极疏导，使之淡化，直至最终消失。

3. 要注意幼儿的个别差异，对不同的孩子采取不同的方法

例如，小红性格内向，有人说她长得不好看时，她会在一旁闷闷不乐。对于这类性格的幼儿，要和他们交朋友，以增进师生感情的交流。而小明一遇到烦心事就大哭大闹，这类性格的幼儿往往情感"来得快，去得也快"，可以采取"冷处理"的方式，让幼儿的情感冷静下来后，再和他交流，不要"火上浇油"。

思考与实践 •••••

一、简答题

幼儿情绪情感的不稳定表现在哪些方面？

二、实践训练

（1）观察你的学生受到批评时面部与肢体表现（条件允许可摄像）。

（2）观察幼儿受到批评时的面部与肢体表现。

（3）对比总结二者之间的区别。

专题五　幼儿道德感的发展特点

案例
展示

案例 100　美丽的帽子

冬天来了，许多小朋友都穿着厚重的衣服并戴着帽子到幼儿园，教师规定小朋友进入教室后要将衣帽挂到指定的地方。今天，小丽戴着一顶非常好看的帽子来到幼儿园，她不愿将自己美丽的帽子从头上取下挂起来。小亮让小丽摘下帽子去挂好，小丽不听，两个孩子开始发生言语冲突。最终，小亮见小丽拒不摘帽，就到方老师那儿"告状"。看到孩子们的争吵，方老师先用手摸了摸小亮的头，告诉他让小丽去挂好衣服的做法很对。然后走到小丽面前，温和地夸奖小丽的帽子真好看，然后征得小丽的同意后，将帽子戴在自己的头上试了试，然后说："哎呀，真可惜，教室里这么热，流出的汗会把帽子弄脏的，小丽，能把帽子挂在帽钩上吗？放学后再戴它，好不好？"听完这话，小丽高高兴兴地把帽子挂到了帽钩上。

案例 101　谁好？

教师问 4 岁的丁丁："小光乱扔玩具，不小心打碎了 1 个盘子，小鹏帮妈妈刷碗，不小心打碎了 10 个盘子。你说，哪个小朋友的行为好一些？"丁丁说："小光好，因为他只打碎了 1 个盘子"。

教师问大班的小朋友，大班小朋友说："是小鹏好，因为小鹏帮妈妈干活。"

开动脑筋 ●●●●●

☞ "案例 100"中的小丽为什么会不按照教师的规定做事？你对亮亮的"告状"行为有何看法？

☞ "案例101"中的小班幼儿和大班幼儿回答"谁打碎盘子的行为更好？"的问题时答案有什么不同？你从中能得出什么结论？

寻找规律 ●●●●●

这是幼儿道德感发展特点的表现。道德感是幼儿运用一定的社会道德标准评价自己和他人的行为时产生的情感体验，如赞赏、厌恶、羡慕、羞愧等。3岁前的幼儿道德感开始萌芽。

幼儿初期的道德感主要指向个别行为并由成人的评价而引起。他们知道打人、抢别人的东西是不对的，咬人是不好的。这时幼儿的道德感较肤浅，容易发生变化。成人只要说好，或者幼儿觉得有趣的事情，就是好的。反之，成人说不好，幼儿觉得无趣的事就是坏的。此时幼儿的道德概念带有很多的情绪色彩。

幼儿中期，幼儿开始掌握一些概括化的道德标准。例如，按照教师的要求完成任务内心会感到愉快；幼儿的羞愧感或内疚感也开始发展起来，他们对自己做出的错误行为会感到羞愧等。这个时期幼儿不仅关心自身的行为是否符合一定的道德标准，而且也开始关心其他人的行为是否符合道德标准。中班幼儿开始经常向教师"告状"，这时的幼儿开始基于一定的道德标准对其他幼儿的行为做出评价。如"案例100"中的小亮，能够依据幼儿园中具体的规则对小丽的行为做出判断，当小丽不按照幼儿园规定做事时，他到教师那儿"告状"。这时的幼儿在对他人的不道德行为表示出愤怒或谴责时，还会对弱者表现出同情，并表现出相应的安慰行为。

在幼儿后期，幼儿的道德感进一步发展和复杂化，他们对好与坏、行为的对与错有了比较稳定的认识。如不和班级中总爱欺负他人的幼儿玩耍，喜欢和总是受到表扬的小朋友玩耍等。这个年龄的幼儿的集体情感也开始发展起来。在此时期的幼儿也开始注重行为的动机和意图。例如，"案例101"中的大班幼儿依据内在的动机进行评价，认为小鹏的行为比小光的行为好。因为大班幼儿是从小鹏帮妈妈干活这个内在动机入手进行评价的。

总体来说，幼儿期的道德感不深刻，大都是在模仿成人，执行成人的口头要求，但在幼儿后期，幼儿通过集体活动得到的感知，并复制成人道德评价的影响，道德感不断发展。

培养幼儿道德感的方法 ••••••

1．利用角色游戏培养幼儿的道德感

角色游戏能够让幼儿在游戏中模仿各种人物，体验规则，发展道德感。如通过角色游戏让幼儿体验妈妈对孩子的呵护、子女帮老人捶背、医生照顾病人、司机为大家服务等，从游戏中体会对错，获得道德感的体验，从而丰富幼儿的道德情感。"案例100"中的方老师，就通过转换角色，让小丽体验到了继续戴帽子的坏处，从而转变了幼儿的行为。

2．捕捉教育契机，运用故事培养幼儿的道德感

如小朋友们起床后，随处乱丢衣物，甚至直接从衣服上踩过去，而不知道将衣服捡起来。教师及时捕捉到生活中的这一"小事"，向幼儿讲"小猴不爱穿衣"的故事，帮助幼儿建立爱惜物品的道德情感。

思考与实践 ••••••

一、简答题

幼儿道德感发展有何特点？

二、实践训练

请你针对幼儿"告状"现象设计几则处理方法，然后请有经验的幼儿教师做点评，同时记录他们的点评，并写出你的感受。

专题六 幼儿理智感的发展特点

案例展示

案例 102 "爱破坏"的奇奇

奇奇5岁了，在幼儿园里很活泼，对什么事情都很热情，喜欢参加幼儿园里开展的各种活动。奇奇喜欢玩与军事有关的玩具，妈妈昨天刚买回家的崭新的玩具，转眼工夫，就被他拆得乱七八糟。他追着爸爸问："为什么玩具士兵的腿会自己动？为什么现在它不动了？怎样才能让它再动起来？"有一次，他对妈妈买回来的一个微型美容按摩器感到好奇，想弄清楚里面藏了什么，就把它给拆了，结果气得妈妈痛打他一顿。可就是这样，他还是我行我素。

开动脑筋 ••••••

"案例102"中的奇奇为什么爱破坏物品？

寻找规律 ••••••

这是幼儿理智感发展的特点。理智感是幼儿在认识和追求真理的需要是否得到满足的过程中产生的情感体验，它往往涉及幼儿的好奇心、求知欲，以及解决问题等过程中的情感体验。

幼儿求知欲的扩展和加深是幼儿理智感发展的主要标志之一。幼儿5岁左右，理智感迅速发展。此时的幼儿对外界的求知兴趣不断增加，表现出喜欢探索新鲜事物的特点。幼儿对自己感到好奇的事物喜欢摸一摸、动一动。他们喜欢对使他们感到好奇的事物提出问题，常会问"为什么？""是什么？"等。成人的回答如果能够让他们满意，就会产生愉

快满足的情感。有时幼儿还喜欢对自己感到好奇的物品亲手"拆一拆",展示出一定的"破坏"行为。许多在成人看起来是十分普通的事物,却能唤起幼儿的好奇心。"案例102"中的奇奇,就处于理智感发展的时期,他对什么事情都要问,对什么东西都要拆,对于像奇奇这样对事物充满好奇的、喜欢探索的幼儿,成人要珍惜和保护他们的求知欲,满足他们的好奇心,切忌盲目批评。

幼儿后期,幼儿喜欢长时间迷恋于智力活动,在提出问题的基础上,喜欢寻找出问题的答案。如果能够找到问题的答案,他们就会感到很大的满足和愉悦。

培养幼儿理智感的方法 ●●●●●

1. 保护幼儿的好奇心和求知欲,因势利导

切忌采用粗暴方式,如"案例102"中奇奇的妈妈,应该弄清奇奇为什么会"破坏"按摩器,对于奇奇的求知欲要进行保护和鼓励,责打惩罚孩子的方式会导致幼儿丧失探索欲。如果条件允许,让奇奇亲自观看器械的组装过程,满足幼儿的求知欲,这对幼儿的智力、身心发展具有重要意义。

2. 为幼儿提供解决问题的途径

面对幼儿的好奇好问,成人对于自己能够解释的事物,可耐心地解释给幼儿;对于自己无法直接给出解释的事物,成人要提供给幼儿解决问题的途径和方法,如可以查阅图书、上网查询、请教教师或亲手试验等。

思考与实践 ●●●●●

一、简答题

幼儿理智感发展有何特点?

二、实践训练

请你谈谈如何处理保护幼儿好奇心和避免幼儿肆意损害物品之间的关系,并设计一个合理的处理方案。

专题七　幼儿美感的发展特点

案例展示

案例103　你是"臭美妞"

涵涵每天早晨起来都要妈妈给梳小辫，要穿好看的衣服。有时候，她漂亮的打扮受到周围人的赞美后，第二天，她就会要求继续穿昨天的漂亮衣服，穿上后，很长时间都不愿意脱下来，妈妈说她是"臭美妞"。

开动脑筋 ●●●●●

☞ "案例103"中的涵涵为什么这么爱"臭美"？

寻找规律 ●●●●●

美感是幼儿根据一定的审美标准产生的对事物的审美体验。

幼儿往往从生活中获得对美的体验。如他们喜欢外貌、衣着漂亮的教师。"案例103"中的涵涵，喜欢穿漂亮衣服，她从自己身着美丽衣服中获得了愉快的满足感。她对美的体验较强烈。

幼儿中期，幼儿不但喜欢鲜艳悦目的事物，还喜欢从音乐作品、绘画作品，从美术、舞蹈中获得美的体验。幼儿后期，会对颜色要搭配协调，物品摆放要对称、整齐等有要求，美感有了进一步的发展。

引导方法

1．在活动中培养幼儿的美感

可以让幼儿通过唱歌、欣赏音乐、绘制自己喜爱的图片、体验舞蹈，以及观察自然、日出日落、花鸟鱼虫等方式体验美、表达美、展示美。

2．为幼儿创造美好的环境

美好的环境对幼儿美感的培养起着重要作用。幼儿教师可以制作美观的墙报，家长可以布置美好的居室环境，让幼儿生活在处处都有美好的地方，以提升幼儿对事物的审美能力。

思考与实践

一、简答题

幼儿美感发展有何特点？

二、实践训练

请你设计一个培养幼儿美感的教学小片段。

实训指导7

一、实训目的

1. 通过观察拍摄小、中、大班离园时的面部表情和肢体动作，对小、中、大班幼儿的情感特点建立基本的感性认识。

2. 对离园时小、中、大班幼儿教师的工作重点和工作方法，形成初步感性认识。

二、实训内容

1. 观察拍摄小、中、大班幼儿在离园前等待父母来接这段时间内的面部表情和言语动作。

2. 观察拍摄小、中、大班幼儿看到父母时的面部表情和言语动作。

3. 分析小、中、大班幼儿在离园的两个时间段，即"等待父母接"和"被父母接到"时，情感反应存在哪些共同点和不同点？反映出幼儿情感的什么特征？

三、实训总结

1. 实训总结撰写重点

结合小、中、大班在两个时间段内的言行表现，分析三个年龄阶段幼儿情感发展的特点，并概括幼儿情感发展的总趋势。

2. 实训报告撰写方式

个人撰写，小组撰写，自由结合撰写等。

3. 实训报告上交原则

可以根据实际情况，采取多种灵活形式完成。充分发挥学生的自主性和创造性。例如文字总结、文字论文、自绘观察记录表＋文字分析说明、图形图表、PPT、情景演示、角色扮演、视频拍摄，以及其他形式。

幼儿意志发展规律

第8章

➡ 本章案例学习专题

专题一 幼儿意志自觉性的发展特点
专题二 幼儿意志坚持性的发展特点
专题三 幼儿意志自制力的发展特点

➡ 本章实训指导

专题一　幼儿意志自觉性的发展特点

案例
展示

案例 104　小班幼儿的游戏

鹏鹏在幼儿园"娃娃家"玩游戏，他主动说自己要当警察，当他把警察的帽子戴到头上之后，忽然听到好朋友乐乐"嘟嘟嘟嘟嘟……"的开汽车的声音，鹏鹏放下警帽，开始和乐乐开起汽车。一会儿，旁边的惠惠拿起警察的帽子，说："我要当警察，我是警察。"鹏鹏放开汽车的方向盘，说："我才是警察，我要抓小偷"。于是他和惠惠一起当起警察……

案例 105　中班幼儿的游戏

中班的明明、亮亮、小美玩"过家家"游戏，明明当"爸爸"忙着去做饭，亮亮当"宝宝"坐在桌边玩积木，小美当"妈妈"喂娃娃。一会儿来了一位"客人"，扮演"宝宝"的亮亮将"客人"招待坐下后，就又去找明明一起做饭，当"妈妈"的小美继续喂娃娃，"客人"坐了好一会儿，见没人理他，自己就离开了。

案例 106　大班幼儿的游戏

在强强家，强强说："我们一起玩过生日吧"。奇奇、冬冬一起说好。强强说他当"爸爸"，奇奇说他当"妈妈"，冬冬说他要当过生日的"宝宝"。三个小朋友分好游戏角色之后，开始游戏。"爸爸"去买礼物，"妈妈"做饭，"宝宝"穿新衣服。一会儿，门铃响了，是"爸爸"带礼物回来了，于是"妈妈"摆上做好的"饭菜"，大家围坐在一起，给"宝宝"唱生日歌，然后一起吃"妈妈"做好的饭菜，最后"宝宝"拆礼物。

开动脑筋 ●●●●●

☞ "案例104"中的鹏鹏在玩游戏时为什么不能自始至终地当"警察"？

☞ "案例105"中中班的"爸爸""妈妈"为什么忘记了"客人"的存在？

☞ "案例106"中的大班幼儿玩"过生日"游戏，和小班幼儿及中班幼儿玩的游戏相比，有哪些明显的不同？

寻找规律 ●●●●●

这些现象表现出幼儿独特的意志发展特点。意志是指人在行动中按照预定目的，自觉克服困难的心理过程。

幼儿的意志发展特点主要表现在意志的自觉性、意志的坚持性、意志的自制力等方面。

"案例104""案例105""案例106"反映的是幼儿意志自觉性发展的特点。意志的自觉性是幼儿在行动中的自主程度。它是指幼儿能够清楚、深刻地认识意志行动的意义，并按照预定的目的支配、调解自己行动的品质。例如，幼儿确定自己行动的目的，根据目的自主制订相应的计划，采取相应的行动等。

幼儿意志的自觉性较差，整体水平不高。这是因为幼儿受年龄发展的限制，其思维水平不高，对各种任务、行为的目的性认识不够，因此按照任务的目的自觉设计计划、支配自己行为的能力较差，这表现出幼儿意志发展中自觉性发展水平不高的特点。

幼儿初期自觉性较差的特征表现突出。如不善于按照预想的目标，独立地提出活动的目的，行为目标很容易受到外界事物的影响而发生改变。就像"案例104"中小班的鹏鹏，先确定当"警察"的目标，可转眼看别的小朋友当司机很好玩，马上就放弃自己当初的警察角色，开始当司机，一会儿，别的小朋友开始要玩警察游戏时，他又转回去当警察。幼儿游戏的目标不明确，经常表现出不知道自己要做什么，其行为带有很大的无意性和不自觉性。

幼儿中期，幼儿的自觉性有一定的发展。如"案例105"中的中班幼儿，出现了能够按照游戏前预先设定好的角色开始游戏，分别扮演爸爸、妈妈、宝宝的角色，这点比小班幼儿有进步。但中班幼儿活动的目的性依旧不是很明确，按照各自扮演的角色有计划地采取行动的能力较弱。谁干什么、怎么干，都没有明显的规划。所以游戏中，当"客人"到

家时，"爸爸""妈妈""宝宝"都不知道要去招待客人，也不知道各自应该怎样招待，最终，出现"客人"已离开了，全家人都不知道的现象。

幼儿后期，幼儿的自觉性显著发展。他们不但能根据任务要求提出个人的行动目的和计划，而且在集体活动中，个人的目标还能同集体目标统一起来，提出集体的共同目的和计划。如"案例106"中的大班幼儿，能首先设定"过生日"的游戏，并进行角色安排，分别扮演爸爸、妈妈、宝宝的角色，各个角色都有各自的分工，大家按照事前设计好的计划，共同合作进行游戏。游戏过程中，也未出现随便转变角色的现象，而且还出现了唱生日歌、拆礼物等游戏情节。这些方面都比中班幼儿有了进步。但从整体上来看，大班幼儿对游戏情节的设计依旧存在困难。这说明虽然幼儿的自觉性随年龄的增长有了一定发展，但整体水平依旧不高。

培养幼儿意志自觉性的方法 ●●●●●●

1. 明确活动的目的

由于幼儿的自觉性水平较差，行动缺乏明确的目的性，在日常生活和活动中，成人要帮助幼儿明确行为的目的，并且在行动过程中不断鼓励幼儿坚持。这样经过长期的培养，幼儿主动克服困难、坚持到底的能力会不断地获得提高。

2. 传授给幼儿思考和行动的方法，成人要为幼儿提供帮助

由于幼儿的知识、经验、技巧不足，幼儿有时想不到，或者根本不知道怎么完成一个游戏。这时，教师让幼儿明确行动目的的同时，可以提供更多的思考和行动的方法。例如，对小班幼儿告诉他们游戏时作为爸爸、妈妈具体干什么，对稍大的幼儿，可以启发幼儿们自己提出"想干什么""怎么干"等思考的角度，培养幼儿的自觉性。再有，对"案例105"中的中班幼儿，教师发现"客人"被冷落后，就可以指导幼儿如何迎接客人、怎样招待客人、客人坐下后可以和客人说什么、客人走时怎样礼貌送别等人际交往技巧。这样，幼儿掌握了必要的技能技巧，知道怎样处理问题，游戏也就不会半途而废。成人在提供帮助的同时，也潜移默化地促进了幼儿意志自觉性的发展。

思考与实践 ●●●●●

一、填空题

（1）意志是指人在行动中按照_____，自觉_____的心理过程。

（2）幼儿的意志发展特点主要表现在意志的_____、_____、_____等意志品质上。

二、简答题

幼儿意志的自觉性发展特点有哪些？

三、实践训练

"早晨劳动时，应该先擦桌椅，但许多小班幼儿都争着先去擦玩具柜，边擦边玩"，请运用幼儿心理学的原理分析此现象，并提出应对的方法。

专题二　幼儿意志坚持性的发展特点

案例展示

案例 107　妈妈，我不会剪……

小班的静静在玩剪纸，看妈妈剪气球，妈妈剪的气球圆圆的，五颜六色的，很好看。她也想剪一个气球，于是拿起剪刀开始剪，刚开始静静还能剪，但是怎么剪也剪不圆，也控制不好手里的剪刀。没过一会儿，静静说："我不会，我不会，妈妈你来嘛……"她就开始拿着剪刀乱剪……

案例 108　嘉嘉，你行！

中班折纸课上，教师一边讲解，一边示范小青蛙的折法。全班小朋友都专注地看着教师做示范。当教师要求大家自己试一试、折一折时，孩子们开始动手折。但嘉嘉一拿到纸，就叫了起来："老师，老师，我不会做。"一边说，一边将纸给了旁边的小朋友。教师走了过去，笑着说："不会吧，嘉嘉，你刚才听讲很认真的，你先试试，老师会帮你的。"在教师的鼓励下，嘉嘉开始折纸，在嘉嘉不知道如何操作时，教师在一旁示范，告诉嘉嘉要将纸这样对折一下……最终嘉嘉也折出了小青蛙。

案例 109　你行！我也行！

教师让大班的幼儿在活动区"找影子"。其实就是把塑封的动物卡片和它们的"影子"匹配起来，然后对齐，并用曲别针别在一起。教师让乐乐先尝试，乐乐先拿着"影子"，再找到动物卡片，然后用曲别针将两张卡片别在一起。试了好几次，终于别上了，他很自豪。这时，乐乐身边的小雨也拿着卡片别起来。小雨的能力不如乐乐，别起别针来很吃力，可是小雨毫不气馁。他认真地看着乐乐的操作方法，边模仿边尝试。终于，小雨也成功了。

开动脑筋 ●●●●●

☞ "案例107"中的静静剪"气球"时发生了什么？为什么会这样？

☞ "案例108"中，为什么中班的嘉嘉刚开始说自己不会，要放弃折青蛙，过后她又能折出小青蛙呢？说明了什么？

☞ "案例109"中，大班的小雨和小班的静静及中班的嘉嘉相比，他们在活动中各表现出了什么特点？说明了什么？

寻找规律 ●●●●●

这些案例反映的是幼儿意志坚持性的特点。意志坚持性是幼儿意志发展的重要内容，它反映了幼儿在行动中为实现目标，克服困难的努力程度。

幼儿初期，幼儿意志的坚持性很差。例如"案例107"中小班静静，看到妈妈剪的气球很好看，受到妈妈的影响，自己也开始剪气球，可一旦遇到困难，马上放弃。小班幼儿常常无法将活动坚持到底，意志的坚持性差。

幼儿中期，幼儿对感兴趣的活动坚持性较好，但对不感兴趣或者遇到挫折的活动，坚持性明显降低。在成人的指导和训练下，幼儿逐渐学会控制自己的行为，意志的坚持性有一定提高。"案例108"中的嘉嘉，能坚持认真地看教师的示范、听教师的讲解。但需要自己动手折青蛙时，嘉嘉开始放弃。在教师的不断鼓励和指导下，她也能完成预定的任务。这说明中班幼儿相较于小班幼儿意志的坚持性有一定的发展。

幼儿后期，幼儿意志的坚持性有了明显的提高。除了对感兴趣的事物有良好的坚持性外，他们对不感兴趣的、较困难的活动，也表现出坚持的能力，并且他们在行动中受情景干扰的现象明显减少，能在较长时间内坚持按照既定目标完成任务。"案例109"中、大班的乐乐和小雨，能在较复杂的任务中，一项一项地完成，遇到困难时，小雨并不像中、小班的幼儿那样马上放弃。大班幼儿不但不放弃，同伴之间还会相互影响、相互促进，直到将教师交给的任务认真完成。幼儿后期的幼儿能在成人教育和指导下完成各项规定的任务。

总体来说，幼儿的坚持性较差。但随着年龄的增长，幼儿意志的坚持性会不断提高。到了幼儿后期，幼儿能在成人的教育和指导下完成规定的任务。

培养幼儿意志坚持性的方法 •••••

1. 培养幼儿做事情有始有终的习惯

幼儿年龄小，做事易受外部环境影响，容易放弃原来的活动目的。因此，成人的指导和帮助对培养幼儿做事坚持到底、不轻言放弃的意志品质具有重要意义。要让孩子养成一旦开始做某事，就将事情做到底的习惯。"案例107"中，妈妈发现静静想要放弃时，可以有意将静静的注意力继续吸引到剪纸上，如一边教静静一些技巧，一边降低一些难度，并对静静的点滴进步给予适当鼓励。当静静剪纸结束后，可以和静静一起欣赏最终的作品，帮助静静美化作品。让孩子体验到克服困难后取得的成果，是对孩子的最好奖励。

2. 成人要做幼儿的表率

成人在日常生活中的言传身教和榜样作用很重要。成人如果做事不畏困难，遇到困难能冷静处理，直到问题得到解决，那么成人好的意志坚持性品质会潜移默化地影响幼儿意志坚持性品质的建立；反之，如果成人做事有始无终，遇到困难不去解决或者干脆放弃，那么孩子意志坚持性品质的建立也会受到相应的不良影响。

3. 让幼儿在实践活动中培养克服困难的意志品质

成人不要"剥夺"孩子遭遇困难的机会。不要害怕幼儿遭遇困难，也不要一旦发现幼儿有难题，就马上出手"帮助"幼儿解决问题，这实际是剥夺幼儿成长的机会。例如，让孩子做力所能及的事情时，倘若孩子对一些事情不能马上做好，成人也不必马上提供帮助，要让幼儿自己想一想，看孩子能不能自己克服困难去解决问题。"案例108"中嘉嘉的教师，在嘉嘉想放弃时，并没有听之任之，而是先鼓励嘉嘉树立解决问题的信心，并留给嘉嘉独立思考和完成任务的时间。教师通过活动培养和锻炼了孩子克服困难的意志品质。成人除可以在活动过程中从旁引导之外，还可在幼儿遭受挫折后，帮助幼儿分析受挫原因，帮助他们思考一下可以吸取哪些经验教训及还有没有更好的解决问题的途径和方法等，成人应运用各种方式鼓励幼儿战胜困难，发展幼儿意志坚持性品质。

思考与实践 ●●●●●

一、判断题

（1）幼儿中期，幼儿对感兴趣的活动坚持性较好，对不感兴趣或者遇到挫折的活动，坚持性明显降低。 （ ）

（2）幼儿后期，幼儿能提出自己的行动目的，说明幼儿意志的坚持性有了进一步的发展。 （ ）

二、简答题

幼儿意志坚持性发展的特点有哪些？

三、实践训练

如果你是幼儿教师，在活动中遇到幼儿意志坚持性差的情形时，你会怎么做？

专题三　幼儿意志自制力的发展特点

案例⑪⑩ 圣诞玩具

上算术课时，浩浩一直注视着旁边圣诞树下的那个电动圣诞老人，那是明明从家里带来的。只要上好发条，那个圣诞老人不但能唱歌，还能跳舞，浩浩一直想玩这个玩具，但教师不让玩，只能看不能碰。浩浩一直听不下去课，时不时用小手碰一下圣诞老人，终于教师忍不住叫起来："浩浩，你在干什么？"浩浩吓得赶紧缩回自己的手，惴惴不安地看着教师，吓得不敢动。教师生气地盯着他，批评浩浩不专心听讲，稍后继续上课。但随着教师话题的转移，浩浩又恢复了原貌，又开始去碰圣诞老人。

浩浩，上课不许玩玩具

案例⑪⑪ 拽小辫

教师让孩子们在建构区搭积木，明明和大家玩了一会儿，总搭不好，他就开始轻拽旁边丁丁的辫子。丁丁很不高兴地往旁边挪了挪，但明明想和丁丁靠近些，于是两个孩子开始拉拉扯扯起来，最后丁丁突然叫了起来："老师，你看明明。"教师终于大声地对明明说道："明明，你给我站好，再不听话，就让你出去！"过了一会儿，明明看教师不在，又开始去拽丁丁的小辫……

开动脑筋 ••••••

☞ "案例110"中的浩浩听讲时有什么现象发生？为什么会这样？

☞ "案例111"中丁丁搭积木时有什么现象发生？为什么会这样？

☞ "案例110"和"案例111"中两个幼儿的行为之间有什么共同之处？说明了什么问题？

寻找规律 ••••••

这是幼儿自制力差的特点。自制力是幼儿对自己的心理活动和行为的调控能力，它既包括让幼儿去做正确的事，又包括让幼儿不去做错误的事情。良好的自制力能够让人较好地控制自己的不良情绪和冲动行为。

总体来说，幼儿期的幼儿自制力较弱，他们不善于控制自己的行为和愿望，往往是想做什么就做什么。例如，幼儿知道哭不好，可还是要哭；知道应该和小朋友彼此间相互帮助，但幼儿遇到自己喜欢的玩具，还是会和小朋友进行争抢。如"案例110"中的浩浩，他知道上课时要认真听讲，"案例111"中的丁丁也知道要认真搭积木。但他们就是不能按照正确的规定去做事，即便是受到教师的批评和教育，依旧不能很好地控制自己而不再继续犯错误。

在正确教育的影响之下，中班的幼儿开始表现出一定的自制力。在游戏中，他们能够逐渐克制自己独占玩具的心理，把好玩的玩具同其他小朋友分享或是和大家一起玩。

大班幼儿的自制力进一步得到发展，幼儿已能主动地控制自己的愿望和行动，能够根据班集体的规定行事。但对于自己的愿望、需要等内在心理过程的控制还不是很好。

总体来说，幼儿的自制力水平不高，但随着年龄的增长会不断提高，自制力会慢慢增强。

培养幼儿自制力的方法 ••••••

可以采用延迟满足法培养幼儿自制力。如妈妈和4岁多的女儿周末去购物，走到玩具柜台，女儿盯着小熊毛绒玩具不肯迈步。妈妈见此情景就提醒女儿要回家吃午饭。但女儿说她就想要这个小熊。妈妈看到女儿迫切的眼神，说如果今天不要小熊，下个周末可以带她去游乐园，并能得到赠送的小玩具。结果女儿足足考虑了五分钟，当妈妈都快坚持不住

的时候，女儿转过身拉着妈妈的手走开，还一步三回头地看……这位妈妈就是有意识地不马上满足女儿的要求，培养女儿的自制力，帮助女儿获得良好的自我控制能力。再如对于"案例110"中违反课堂纪律的浩浩，一方面可以告诉他上课不可以碰圣诞老人玩具，另一方面可以告诉他等教师上完课之后，他可以和小朋友们一起玩这个玩具，采用延迟满足方法，培养幼儿意志的自制力。

小知识

"延迟满足"实验

实验者发给儿童一颗棉花糖，告诉幼儿："你如果马上吃掉，就只能吃到一颗糖；如果等研究人员回来后吃，就可以吃到两颗糖。"有的孩子忍不住诱惑，急不可耐地马上就吃掉了糖，大多数孩子坚持不到三分钟就放弃了，而大约1/3的孩子成功延迟了自己对糖的欲望，坚持了约15分钟的时间，最终得到了奖励。这些孩子为了忍住糖的诱惑，利用闭上眼睛、自言自语、唱歌或头枕双臂做睡觉状等多种策略来转移注意，克制自己不吃糖的欲望，从而获得了更丰厚的报酬。

其后，研究人员继续追踪这些孩子的成长，研究发现，那些成功克制自己欲望而得到两块糖的孩子，在学业上成绩更好，在事业上表现得更为出色，更容易取得成功。

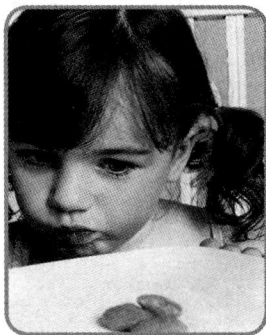

思考与实践

一、简答题

幼儿意志的自制力发展特点有哪些？

二、实践训练

请你谈谈幼儿良好意志力对幼儿心理发展的意义。

实训指导8

一、实训目的

通过观察拍摄小、中、大班幼儿美术活动中的言行表现，对幼儿意志特点建立感性认识。

二、实训内容

1. 在小、中、大班开展美术活动，观察记录活动过程。观察记录的重点如下：

（1）教师要求完成什么任务？（弄清楚让幼儿活动的目的）

（2）幼儿按目的活动的坚持时间。

（3）幼儿活动中是否始终如一地完成任务？如果没有，受到什么干扰？受干扰时幼儿如何言行？

（4）幼儿最后是否完成活动目的？结果如何？

2. 分析幼儿在游戏过程中，依据美术活动目标反映出幼儿意志的特点。分析三个年龄阶段幼儿意志水平的不同变化特点。

三、实训总结

1. 实训总结撰写重点

（1）结合小、中、大班幼儿美术活动过程中依据活动目标的言行表现，分析三个年龄阶段幼儿的意志特点。

（2）小、中、大班幼儿意志发展的趋势分析。

2. 实训报告撰写方式

个人撰写、小组撰写、自由结合撰写等。

3. 实训报告上交原则

可以根据实际情况，充分发挥学生的自主性和创造性，采取多种灵活形式完成。例如，文字总结、文字论文、自绘观察记录表＋文字分析说明、图形图表、PPT、情景演示、角色扮演、视频编辑或其他形式。

幼儿个性发展规律

第9章

➡ 本章案例学习专题

专题一 幼儿自我意识的发展特点
专题二 幼儿能力的发展特点
专题三 幼儿气质的发展特点
专题四 幼儿性格的发展特点

➡ 本章实训指导

专题一 幼儿自我意识的发展特点

一、3岁前幼儿自我意识发展特点

案例展示

案例112 哈哈……真好玩！

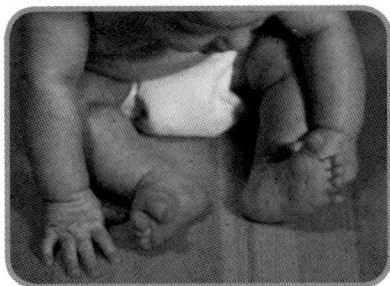

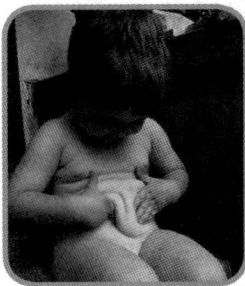

案例113 这是"我的"娃娃！

　　3岁的团团才进幼儿园，她从家里带来了一个小玩具娃娃，一刻也不放手。当别的小朋友也想玩这个娃娃时，她会紧紧地抓着娃娃，嘴里说着："这是我的，我的……"不让其他小朋友触碰。

开动脑筋 ●●●●●

☞ "案例112"中的婴儿为什么摆弄自己的脚、肚子等身体器官？小女孩对着镜中的人在干吗？她为什么不去摆弄自己的手脚？

☞ "案例113"中的团团在拒绝其他小朋友时，说了什么？

☞ 幼儿自我意识发展经历了哪些阶段？

寻找规律 ●●●●●

这一系列案例呈现出的是幼儿自我意识发展的各个阶段的特点。

自我意识就是自己对所有属于自己身心状况的意识。例如，我是一个善良的人，句子中的"我"就是主观的我，"是一个善良的人"就是"主观的我"对"客观的我"的认识，主观的我认识到自己的身心状况——自己是个善良的人。

自我意识是人和动物在心理上的分水岭。动物没有自我意识，而人有自我意识，人在认识自然界的同时，自己对自己还能产生认识。

在幼儿期，人类的自我意识发展经历了以下几个阶段。

1．1岁前是自我感觉发展阶段

刚出生的婴儿没有自我意识。1岁前的幼儿，不能将自己和周围客体相互区分，如"案例112"中的婴儿，玩弄自己的脚和肚子，在他们的认识中，自己的手、脚、皮肤等都是玩具，和周围的其他玩具没有什么不同。这一时期是幼儿自我感觉的发展阶段。到婴儿后期，孩子们才逐渐知道手、脚等是自己身体的组成部分。

2．1～2岁是自我认识发展阶段

幼儿在1岁3个月时能够知道自己的形象。在这一时期他们逐渐知道自己是谁，能够辨认出自己。如"案例112"中的女孩在照镜子，她知道镜子里的那个形象是她自己，她在冲着自己微笑，能够把自己当作一个独立的个体来看待，这一时期是幼儿自我认识发展的阶段。

3．2～3岁是自我意识发展的萌芽阶段

以掌握代词"我"作为幼儿自我意识发展萌芽阶段的标志。幼儿开始能够使用"我"这个词来表达自我的各种愿望。"案例113"中的团团就处于本阶段，她理解"我"这个代词的含义，开始用语言来保护属于她自己的娃娃。

4．3岁后是幼儿自我意识发展阶段

3岁后幼儿自我意识的各个方面都有了进一步的发展。3岁后，幼儿逐步学会使用代词"我""你""他"，自我意识发展开始进入实质性发展阶段。

 思考与实践 ●●●●●

一、选择题

（1）（   ）前是自我感觉发展阶段。

　　　A．1岁　　　　B．2～3岁　　　　C．3～4岁　　　　D．4～5岁

（2）以掌握代词"（   ）"作为幼儿自我意识发展萌芽阶段的标志。

　　　A．你　　　　B．我　　　　C．他　　　　D．它

（3）（   ）之后，幼儿逐步学会使用代词"我""你""他"，自我意识发展真正进入实质发展阶段。

　　　A．1岁　　　　B．2岁　　　　C．3岁　　　　D．4岁

二、实践训练

（1）在幼儿园或生活中拍摄或上网收集0～1岁幼儿玩弄自己身体的景物。

（2）在生活中或幼儿园里观察收集1岁、2岁、3岁、4岁幼儿使用代词"你""我""他"的句子。

（3）根据你观察拍摄的资料，分析不同年龄幼儿自我意识发展的特点。

二、幼儿期自我评价发展特点

案例 114 我是小小男子汉

毛毛和小宝在玩打仗的游戏，一不小心撞疼了脑袋，可毛毛忍住了疼，没哭。小宝的爸爸看到这一幕很感慨，就问毛毛："毛毛疼吗？"毛毛说："我是勇敢的警察，我不疼。"小宝的爸爸故意问："那你勇敢吗？"毛毛鼓着小肚子自信地说："我勇敢"。看着毛毛可爱的样子，小宝的爸爸忍不住问："你怎么勇敢了？"毛毛大声地说："我妈妈说我是小小男子汉，男子汉都勇敢。"

案例 115　我的好，你的不好

教师今天教小朋友捏西瓜，由于小朋友不断地问问题，教师捏的示范作品很粗糙。讲完课后，教师让小朋友把捏完的西瓜放到前面的展台上。甜甜和亮亮做完了，两人一起来到展台前相互比较自己的作品。亮亮说："我的西瓜多好看啊，最漂亮。"甜甜说："我的才漂亮，我的最好。"两个人开始为谁的最好相互争执起来。教师看到此景，为了鼓励两人，她说，你们俩的都很好，比教师捏得好。亮亮和甜甜看着教师手里那个粗糙的西瓜（教师的确没有他俩捏得好），他们却坚持说自己捏的没有教师的好，但是自己捏的都比对方的好，是全班最好的……

案例 116　我笨，我不会

悦悦在班里很安静，教师上课让他回答问题，他站起来后总是结结巴巴地说："我……我……不会。"一次在自然观察课中，教师发现他又坐在那儿发愣，就问他："悦悦你怎么不做呢？"悦悦怯怯地说"我不会！""没试过，怎么知道自己会不会呢？""我笨！才不会呢！""悦悦很聪明啊，画画、手工你做得很好啊，好多小朋友都在羡慕你呢！""不是的，我没有明明聪明。"（明明是悦悦的邻居，又同在一个班。）……

开动脑筋 ●●●●●

☞ "案例114"中的毛毛判断自己勇敢的依据是什么？

☞ "案例115"中甜甜和亮亮为什么会坚持认为教师捏的西瓜好，而自己捏的比对方的好，甚至比全班小朋友都好？

☞ "案例116"中的悦悦是怎样评价自己的？对此你有何看法？

☞ 幼儿自我评价发展有哪些特点？

寻找规律 ●●●●●

3岁后的幼儿自我意识的发展主要从自我评价、自我体验及自我控制三个方面进行考察。自我评价就是幼儿对自己的能力、品德、身体等各方面做出的自己对自己的评价。

"案例114"～"案例116"反映的是幼儿自我评价发展的特点。整个幼儿期，幼儿对

自己评价的能力总体上发展较差，但随着年龄的增长会有所提高，呈现出如下一系列发展规律。

1．从亲信成人的评价发展到自己独立的评价

幼儿初期，孩子的自我评价是建立在成人对他们的评价基础之上的，他们对成人的评价很容易相信。例如，"案例114"中的毛毛判定自己是不是勇敢的标准，是依据妈妈对毛毛的评价："毛毛是小小男子汉，男子汉都勇敢"，毛毛根据妈妈对自己的评价，也认定自己是小小男子汉，自己很勇敢。到了幼儿后期，幼儿开始出现了独立的评价，如果成人对儿童的评价不客观、不正确，例如成人冤枉幼儿说："你是个坏孩子。"儿童往往会提出疑问、申辩，甚至表示反感。他会说："我不是坏孩子，小朋友们都喜欢和我玩，你才是坏人……"幼儿开始能对成人的评价持批判的态度，自我评价开始从相信成人的评价发展到自己独立的评价。

2．从强烈情绪色彩评价发展到根据行为规则评价

幼儿初期幼儿的自我评价常常从个人主观情绪出发而不是从事实出发，对自己的评价高，对他人的评价低。例如，"案例115"中的甜甜和亮亮，他俩都认为自己的西瓜捏得最好，夸大自己作品的水平。面对教师粗糙的作品时，因为是教师的作品，他们主观情感认为，教师的作品当然比自己的作品好，即便事实上教师的作品的确不好，他们还是坚持评价说教师的好。这说明幼儿初期幼儿的自我评价带有强烈的情绪色彩。

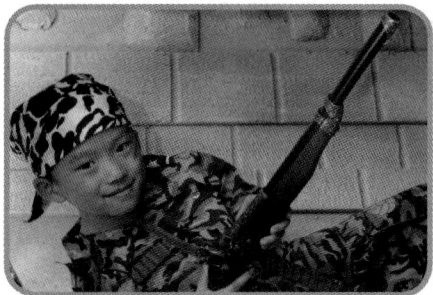

到了幼儿后期，幼儿的自我评价会逐渐客观，幼儿逐渐能够根据行为规则进行自我评价，在良好教育的基础上，有的大班幼儿在自我评价中还表现出一定的谦虚品德。

3．从比较笼统的评价到比较细致的评价

幼儿初期，幼儿对自己的评价比较简单、笼统，往往只根据事物的一两个方面或者局部进行自我评价，如"我听妈妈和教师的话，我是个乖孩子"。"案例116"中的悦悦，对自己的评价很笼统"我笨，我不会……"。对在幼儿园从事的活动，悦悦都用"笨""我不会"这样笼统的自我评价拒绝探索新的事物。幼儿后期幼儿的评价逐渐具体和全面。如教师在小朋友朗诵结束后，让大家相互进行评价，小朋友会按照教师事前提出的评价标准来评价，说这个小朋友朗诵得好，是因为说话清楚、发音准确、朗诵的时候还加入了表情和动作等，幼儿的评价逐渐细致和全面。

4．从对外部行为的评价到对内心品质的评价

3～4岁的幼儿只能评价一些外部的行为表现，还不能对内在的品质进行评价。如问"你是好孩子吗？"4岁儿童回答"我是好孩子，因为我不骂人，我不抢玩具"。到了幼儿后期，幼儿逐渐能依据一些内在状态、道德品质进行评价。如"热爱集体、遵守纪律、对小朋友

友善、讲卫生的孩子才是好孩子"等。

培养幼儿自我评价的方法 •••••

根据幼儿自我评价发展的特点，幼儿教师可以从如下方面对幼儿进行指导。

1．成人对幼儿的评价要客观公正

幼儿初期，幼儿的自我评价往往依靠成人的评价。如果幼儿教师和家长不断地对幼儿进行缺乏客观公正的评价，无论是对幼儿的评价过高、过低还是不恰当都会影响幼儿正常的自我评价体系的建立。例如，"案例114"中毛毛的妈妈对毛毛采用的教育方式，值得幼儿教师学习。当毛毛在生活中遇到挫折，如跌倒、打针、被教师批评等时，毛毛的妈妈在帮助毛毛认清楚困难并采用正确的方法之后，会对毛毛说："你是小小男子汉，你很勇敢，勇敢的毛毛能战胜这些困难"。久而久之，毛毛不断遇到困难，又不断在困难中吸取经验和教训，增长自己的能力，这样毛毛自然而然就认定"我是男子汉，我勇敢。"而如果毛毛的妈妈总是对毛毛进行"你总是闯祸""你就不能安静一会儿""你怎么这么笨"等评价，毛毛的自我评价建立体系就会向负面的方向发展，可能会导致毛毛自我认定自己是一个没有能力、缺乏自信心、没有价值的人。所以，成人客观公正地引导对幼儿自我评价体系的建立非常重要。

2．教师对幼儿的评价要积极向上

幼儿的自我评价发展并不完善，因此正面积极的评价对幼儿的心理发展十分重要。"案例116"中的悦悦就是受到了来自家长的长期的负面评价，家长对悦悦所说的"笨""你干什么都没有明明聪明"之类的评价导致悦悦在幼儿园处于退缩状态，即便是拥有很好的绘画、手工天赋，却依旧认为自己做什么都比不上明明，学习和生活处于退缩的状态。因此，幼儿园教师要对幼儿的行为采取正确和积极的态度，对幼儿的良好行为要及时地给予鼓励和肯定。例如：当幼儿正确回答出教师的问题时，教师通过点头、微笑、赞许的目光、摸摸头等方式对幼儿进行鼓励；当幼儿回答错误时，不要采用鄙视、批评、责备、不满、训斥的方式对待幼儿，可以说："哦，某某小朋友可能还没有准备好，大家再给他一点时间想想好吗？""没关系，说错了也没关系。"让幼儿知道，做对了事情能获得成功的喜悦，做错了事情可以获得机会进一步改正，而不是让幼儿认为自己很笨，帮助幼儿发展正确积极的自我评价。同时，针对"案例116"中悦悦在幼儿园内不正确地自我评价的特点，教

师和家长要及时沟通，让家长认识到，每个孩子身上都有其独特的闪光点，根据孩子自身的特点，采取适当的教育，让幼儿健康发展。

思考与实践 ●●●●●

一、选择题

幼儿自我评价能力的特点是（　　　　）。

A．从自己独立的评价发展到相信成人的评价

B．从强烈情绪色彩评价发展到根据行为规则评价

C．从比较细致的评价到比较笼统的评价

D．从对内心品质的评价到对外部行为的评价

二、简答题

幼儿自我评价的发展有何特点？

三、实践训练

请你根据所学到的幼儿自我评价的特点，上网收集幼儿教师运用幼儿自我评价的特点对幼儿进行教育的良好方法，并写下你对此种教育方法的看法。

三、幼儿自我体验发展特点

案例展示

案例 117 别哭，妈妈马上就来

彤彤刚入幼儿园不久，总是会想妈妈，一想起妈妈她就会哭，情绪很不稳定。旁边的倩倩看到彤彤又哭了，就像教师一样帮她擦眼泪，一边擦一边说："彤彤，别哭了，妈妈一会儿就来。"其实，倩倩一分钟前想起妈妈时，也刚刚哭过。

开动脑筋 ●●●●●

☞ "案例117"中的倩倩为什么自己也想妈妈，才刚刚哭过，却能够帮彤彤擦眼泪呢？

☞ 幼儿的自我体验发展有什么规律？

寻找规律 ●●●●●

这是幼儿自我体验发展的特点。自我体验是考察幼儿自我意识发展的第二个方面。自我体验是自我意识在情感方面的表现，是伴随自我认识而产生的内心体验，是主我对客我所持有的一种态度。自尊心与自信心、成功与失败感、自豪与羞耻感等是自我体验的具体表现。幼儿的自我体验表现在如下两个方面。

1. 从低级的自我体验发展到高级的自我体验

幼儿早期的自我体验主要表现在和生理有关的体验，属于较低级的自我体验。随着年龄的增长，较高级的社会性体验不断增加，如愉快、同情、委屈、自尊、自信、羞耻感等

带有社会性的高级自我体验会随着年龄的增长而增加。如"案例117"中的倩倩，虽然她自己也很想妈妈，但她能够理解彤彤想妈妈的心情，所以看到彤彤哭时，就很同情彤彤，帮彤彤擦眼泪。这说明幼儿的自我体验从与生理需要相关的体验发展出与社会情感相关的自我体验。4岁以后，幼儿会出现社会性较强的自我体验，如委屈感、自尊感、羞愧感等。

2. 从易受暗示的自我体验发展到独立的自我体验

幼儿是否能够产生自我体验，受成人对幼儿暗示性影响很大，年龄越小，表现越明显。如对幼儿进行羞愧感的自我体验实验时，在没有成人暗示的情况下，3岁的孩子中只有3.33%有自我体验，而在有成人暗示的情况下（如"你做了错事""觉得难为情吗？"），则有26.67%的幼儿会感到羞愧。4岁的幼儿在没有成人暗示的情况下，有43.33%的幼儿有自我体验；在有成人暗示的情况下，有73.33%的幼儿有自我体验。实验数据显示，成人的暗示的确对幼儿自我体验有着重要的影响。

培养幼儿自我体验的方法 ●●●●●

1. 创造安全、接纳、尊重的心理环境

例如，教师要让入园的幼儿产生"我的老师喜欢我"，而不是"我的老师不喜欢我"的情感体验。再例如，对刚入园的小班幼儿，教师接待他们入园时要面带微笑、言语亲切，平时可以不时地抱抱孩子、摸摸孩子的头、亲亲他们……让孩子感受到来自教师的接纳和鼓励，帮助幼儿建立安全感，进而促进幼儿产生积极愉快的高级情感反应。

2. 帮助幼儿增强自我体验

在日常生活中，幼儿之间在交往中产生各种各样的矛盾是不可避免的，教师要帮助幼儿理解他人的内心。例如，当幼儿在交往中因争夺玩具而感到愤怒、委屈、害怕时，教师要鼓励幼儿表达出自己的内心感受，帮助幼儿在知道自己感受的同时，也知道哪些行为会造成对他人的内心伤害，帮助幼儿丰富自我体验的层次。

3. 积极暗示

针对幼儿容易受到暗示的特点，成人可多采用积极暗示的方法，逐步让幼儿建立起自信，逐渐学会体谅他人。

思考与实践 ●●●●●

一、选择题

（1）幼儿自我体验发展的特点为（   ）。

    A．从独立的自我体验发展到受暗示的自我体验

    B．从低级的自我体验发展到高级的自我体验

    C．从比较笼统的评价发展到比较细致的评价

    D．从对外部行为的评价发展到对内心品质的评价

（2）教师多采用积极暗示的方法能发展幼儿的（   ）能力。

    A．自我   B．自我愉悦

    C．自我体验   D．自我发展

二、简答题

幼儿的自我体验的发展有何特点？

三、实践训练

请你根据所学到的幼儿自我评价的特点，上网收集幼儿教师运用幼儿自我评价的特点对幼儿进行教育的良好方法，并写下你对这些方法的看法和评价。

四、幼儿自我控制发展特点

案例
展示

案例118 随意的兰兰

在中班活动室里，孩子们在搭建积木，他们中有的在商量怎么搭，有的在相互比较谁搭得好，大家玩得很开心。兰兰玩了一会儿就站起来了，到这里看看，到那里看看，就是不在自己的座位上搭积木。教师先用眼神示意了她好几次，但兰兰都没有理睬，最后，教师走过来对兰兰说："兰兰，看，你的积木多孤单啊，也没有人陪它玩，多可怜啊，你快去陪陪它们吧！"兰兰很开心地回到座位上，但没有过多久，她又开始这里走走，那里看看……

开动脑筋 ● ● ● ● ●

👉 "案例118"中的兰兰为什么在教师提醒后还是不能专心地做游戏？

👉 幼儿自我控制发展有何特点？

寻找规律 ● ● ● ● ●

自我控制反映的是幼儿对自己心理和行为主动调节、控制的能力，表现在两个方面：一是在幼儿对自己行为的控制和支配方面，表现出坚持性的特点，如坚持学习之后再去游戏、坚持听教师讲课不去玩等都是幼儿自己支配控制自己行为的表现；二是表现在自制力方面，幼儿能够克制不去做不正确的言行，如上课时不随便离开座位、不打人、不哭闹等。

在幼儿期，幼儿的自我控制能力差。如"案例118"中的兰兰，她表现出幼儿典型的

自我控制能力较差的特征。兰兰在遇到外界的诱惑时，很难控制自己，受到其他的小朋友相互评论、讨论等因素的影响，兰兰无法专心从事自己的游戏，教师的提醒也只是起到暂时的控制作用。在教师离开之后，她很快就又离开座位四处"溜达"。这说明三四岁的幼儿，自我控制的坚持性和自制力都很差。到了幼儿后期，幼儿的自我控制能力才有一定的发展。

培养幼儿自我控制的方法 •••••

从幼儿时期就应对良好的自我控制能力进行培养。幼儿教师可以运用如下方法对幼儿进行自我控制能力的培养。

1. 在日常生活中培养孩子良好的自控习惯

在日常生活中让幼儿养成良好的行为习惯，是培养幼儿自我控制能力的入手点。例如，要求幼儿按时起床、按时吃饭、按时睡觉等。随着幼儿的不断成长，要逐步加入社会道德规范和社会责任感的教育内容，如要求幼儿遵守集体规则、遵守纪律，言谈举止符合集体规则，不随意违反班级规章制度等；教育幼儿尊重他人的利益，不可因为自己想得到，就不考虑其他人的利益等。教师只要确立规则并一贯长期坚持，幼儿就会逐步学会对自己的控制和约束，其自我控制能力就能得到锻炼和提高。

2. 注意培养方法

在培养孩子的自控能力时，教师要注意方式方法。例如，当幼儿有了比较好的行为表现时，教师可以给予适当的奖励；当幼儿违反规定时，教师不能一味地批评，而是要对幼儿讲清楚道理，逐渐让幼儿通过学会道理来控制自己的行为。奖励时，切忌让幼儿形成为了奖励而改变行为的心理，所以尽量不要对幼儿的努力给予可观的物质奖励，可以给予一个拥抱、表扬等，让幼儿逐渐从自己做得对的事情中获得心理上的自我满足感。

因此，良好的培养方式能够对幼儿自我控制力的建立起到积极促进作用。

思考与实践 ●●●●●

一、简答题

幼儿自我控制能力的发展有何特点?

二、实践训练

请你根据所学到的幼儿自我控制的特点,上网收集幼儿教师运用幼儿自我评价的特点对幼儿进行教育的良好方法,并写下你对这些方法的看法和评价。

专题二　幼儿能力的发展特点

案例119 幼儿园采用的多元智能教材

开动脑筋 ●●●●●

☞ "案例119"中为什么幼儿园的幼儿要采用"多元智能"的教材？什么是多元智能？

☞ 什么是能力？幼儿的能力发展有何特点？

寻找规律 ●●●●●

能力是人们成功完成某种活动所必备的心理条件。如想唱好歌，就需要具备音准、节奏感等能力。

心理学家从幼儿的智力、能力差别等方面对幼儿进行研究，发现幼儿能力发展有以下特点。

1．幼儿期是幼儿各种智能发展最快的时期

心理学家一般认为，幼儿的智力最初是复合智力。幼儿随着年龄的增长，构成其智力的各种因素和因素的地位都随之发生变化。幼儿期是各种能力展现和发展的时期。操作能力最早出现，随年龄的增长，幼儿的操作能力不断地提高；2～5岁时，幼儿的形状记忆、言语能力快速发展；4～6岁时，幼儿的空间关系、词语能力不断地提高；幼儿期是幼儿口语发展的关键期；幼儿期的模仿能力发展迅速，成为幼儿学习的基础。在幼儿期，某些幼儿的特殊才能开始得到展现。

2．幼儿的能力存在差异性

幼儿的能力无论是在能力的类型上、发展的早晚阶段上、不同性别能力的发展上都存在差别。也就是说，有的幼儿能力发展得早，有的幼儿能力发展得晚，有的幼儿动手操作能力发展得快，有的幼儿动手操作能力发展得慢，或者有的幼儿认知能力中的记忆能力强，有的幼儿记忆能力弱等。另外，男女也存在一定的能力差别，如女孩颜色视觉能力高于男孩等。

3．对于幼儿的能力发展在心理学界存在不同的见解

当今被世界广为接纳的是美国加德纳的"多元智能"理论。多元智能理论认为，人的智能并不是单一的，而是由语言智能、音乐智能、数学逻辑智能、视觉空间智能、身体动觉智能、自省智能、交往智能、自然观察智能和存在智能等九种智能构成的。这九种智能在每个人的身上以不同方式、不同程度组合，使得每个人的智能各具特点，这就是智能的差异性。这种差异性是由于环境和教育造成的，尽管在各种环境和教育条件下个体身上都存在着这九种智能，但不同环境和教育条件下个体的智能发展方向和程度有着明显的差异。加德纳认为，在正常条件下，只要有适当的外界刺激和个体本身的努力，每个个体都能发展和加强自己的任何一种智能。

培养幼儿多元智能的方法

根据多元智能的理论，对幼儿能力的培养可从以下几个方面进行。

1．寻找每个幼儿身上的独有智能

根据多元智能理论，每个幼儿存在优势智能，每个幼儿都会以不同的方式表现出不同

的智力潜能。所以，教师要首先确定每个幼儿的智能特点，认识到每个幼儿都有其独特的智力倾向，寻找适合每个幼儿的着手点，让每个幼儿的智能都能均衡发展。

2．为幼儿提供丰富的机会

为幼儿提供丰富的机会，让所有的幼儿都有机会获得身体、语言、音乐、空间、运动、交往、数学等方面的锻炼，采用多种形式的活动区域、不同形式的主题活动、多种渠道的教育方式，以及变化多姿的课程设置，让幼儿自己建构知识，锻炼多元智能发展。

3．尊重幼儿差别，发展强项智能，扬长避短

幼儿教师应着眼于幼儿的优势智能，通过优势智能带动幼儿的劣势智能，帮助幼儿树立自信心和自尊心，让幼儿在优势智能活动中获得良好的心理品质，并将其迁移到幼儿劣势智能的学习中去，使幼儿得以全面发展。

思考与实践 ●●●●●

一、简答

幼儿能力发展有何特点？

二、实践训练

上网收集幼儿多元智能的评价方法，并运用多元智能的理论，设计一款培养幼儿多元智能的游戏。

专题三　幼儿气质的发展特点

案例展示

案例⑫ "风风火火"的雷雷

雷雷平时走路时总是连蹦带跳的，好像有使不完的精力。说话和做事速度很快，例如看新图书时，其他小朋友还没有看完一本书，雷雷已经翻完两本。他被教师和爸爸妈妈训斥时，总是大哭大闹。家里来人的时候，他总是特别的兴奋，不断地在客人面前转来转去，喜欢插话。上课教师提问时，他还没有听清楚问题，就说出答案，却经常答非所问。教师带小朋友排队，雷雷会突然跑出队伍，去拿教师放在旁边的皮球。

案例⑫ "灵活机灵"的玲玲

玲玲在幼儿园时，每次教师教小朋友学习新知识时，不但学得快而且理解得也很快。玲玲上课积极举手回答问题，而且正确率很高。玲玲学习自己感兴趣的事物时，能保持长时间的注意力，但对她不感兴趣的事物，注意力就不集中，总搞小动作，可只要教师对她稍有提示，她就能立刻停止小动作。她对自己不熟悉的环境适应很快，如教师第一次让她当主持人，第一次代表班级上台发言，她都能很好地完成任务。玲玲平时不喜欢一个人单独玩，喜欢和小朋友一起玩，在一群幼儿当中，常常成为小"领导"，而且和大家相处的关系很融洽。

案例⑫ "慢条斯理"的漫漫

漫漫上课时听讲很认真，注意力很集中，即使旁边的小朋友干扰他，他也不加理会，继续听讲。下课了，其他小朋友都跑出去玩，他还能一个人长时间地继续做手工，直到完成作品，而且他坚持一项活动的时间比其他小朋友都长。平时教师讲故事的时候，大家都哈哈大笑，漫漫只是在一边安静地笑；受到委屈，漫漫很长时间都不高兴，忘记得也慢。

案例⑫ "敏感细腻"的静静

静静在幼儿园里受到表扬时面部通常没有什么表情，但受到批评时，会偷偷地到一边抹眼泪，晚上妈妈接她时，就会对着妈妈哭。她能觉察别人觉察不到的事物，如植物叶子下面的小虫子。静静平时说话很少，说话声音细小，喜欢一个人玩，不喜欢和其他小朋友一起玩，当有其他幼儿想和她一起玩时，静静也不说话，而是厌烦地将他们推走。静静上课、吃饭、做事都很安静。

开动脑筋 ••••••

☞ "案例120"～"案例123"中的四个小朋友各有什么特点？他们之间的行为有什么区别？

☞ 什么是幼儿的气质？幼儿气质的种类有哪些？

☞ 气质是如何产生的？对幼儿心理发展有哪些影响？

☞ 幼儿气质是怎样发展的？

寻找规律 ••••••

以上都是幼儿不同气质的表现。什么是幼儿的气质呢？气质是与生俱来的心理活动特征。它反映幼儿心理活动的反应速度、强烈程度、稳定性、灵活性等方面的特点和差别。

反应速度包括行为动作的快慢、感知觉、记忆、思维、想象等心理过程的快慢等，如幼儿言语的快慢、思考问题的快慢、记忆的快慢等。强烈程度表现出幼儿心理活动的强弱特点，如对外界事物的情感体验的强弱、对事物的敏感程度的强弱等。稳定性表现在幼儿对外界刺激作用的时间、作用的强度和对刺激的耐受的程度上，如注意力保持时间的持久性、长时间从事智力活动的坚持性等。灵活性表现出幼儿对外界环境适应的难易程度，如对新环境的接受程度、情绪的转变快慢、注意力转移的快慢等。

古代的人们就希望对不同的人进行分类，如古希腊的医生希伯克利特将人的气质分为胆汁质、多血质、黏液质、抑郁质四种类型。他认为胆汁质的人身体内的黄胆汁多，多血质的人身体内的血液多，黏液质的人身体内的黏液多，抑郁质的人身体内的黑胆汁多。后

来的科学研究证明，希伯克利特对气质类型的划分标准是缺乏科学依据的，但四种气质类型的名称能在一定程度上反映人的气质特点，所以四种气质类型的名称被一直沿用至今。

根据幼儿心理活动的速度、强度、稳定性和灵活性的不同，可将人分为四种类型，这四类幼儿具有各自独特的特点。

1．胆汁质幼儿的核心特点是"急"

这类幼儿精力旺盛，言语快速，行动敏捷，情绪发生快而强烈，容易激动和兴奋，脾气暴躁、易怒、做事容易冲动，但不持久。在"案例120"中的雷雷身上也有所体现，雷雷是偏于胆汁质的幼儿，他做事风风火火，情绪发生强烈、容易兴奋，行为比较冲动等，具有胆汁质气质的幼儿"急"的特点。

2．多血质幼儿的核心特点是"活"

这类幼儿对外界的刺激具有很强的反应性，情感和动作发生得快，变化也快，但比较温和，他们活泼好动，对人热情，对陌生人和熟人都能主动打招呼，对外界事物容易产生体验，但感受不深，容易结交新朋友，容易适应新环境，语言表达力强和感染力强，机智灵敏，思维灵活，但经常表现出对问题不求甚解。"案例121"中的玲玲是偏多血质的幼儿，她对人对事都反应灵活，接受力快，但都不太深刻，反映出多血质幼儿的"活"的特质。

3．黏液质幼儿的核心特点是"慢和稳"

这类幼儿情感、言行动作缓慢、稳定。为人安静，说话不多，不爱表现自己，性情温和，考虑问题全面。他们的注意力稳定而持久，但难以转移。情绪发生慢，很少表露出内心的想法和感受，很少激动和发火，遇到不愉快的事也不动声色。喜欢沉思，有较强的自制力，善于忍耐，严格遵守生活秩序和制度。"案例122"中的漫漫是偏黏液质的幼儿，他做事认真，坚持性强，情绪情感不轻易外露，漫漫身上就反映出了黏液质幼儿"慢和稳"的特点。

4．抑郁质幼儿的核心特点是"敏感"

这类幼儿为人敏感多疑，多愁善感，内心孤独，胆怯内向，情绪发生慢而强，感情细腻丰富而脆弱，少外露，常为小事引起情绪波动，情感体验深刻，有敏锐的观察力，善解人意，情感稳定专一，喜欢安静，遇事三思而后行，求稳不求快，认真负责、坚韧、聪颖、想象力丰富。"案例123"中的静静是偏抑郁质的幼儿，她表现出多愁善感、孤僻、情感发生深而细致的气质，反映出抑郁质幼儿"敏感"的特点。

在现实生活中，只具备单一的气质特点的幼儿并不多。多数幼儿的气质属于各个类型的相互组合，如同时具有多血质和胆汁质特点，或同时具有黏液质和抑郁质，或同时具有多血质、胆汁质、抑郁质三种气质等。大多数幼儿具有两种或三种气质类型的混合

特点。

气质是先天遗传，本身并无好坏之分，只是表示幼儿之间的行为方式存在差别。每种气质类型都有其积极一面，也同时具有消极一面。例如：胆汁质的人具有精力充沛、反应快、热情的优点，但同时也具有冲动、任性的缺点；多血质的人具有思维灵活、接受力快，适应新环境能力强的优点，但同时也具有做事不稳定、坚持性差、意志力差等缺点；黏液质的人具有坚韧性、做事沉着认真踏实的特点，但也具有墨守成规、反应迟缓等缺点；抑郁质的人具有情感体验深刻、对事物观察细致、情感丰富等特点，但也具有胆怯和害羞、疑虑重、反应于过敏感等缺陷。所以，总体上说，气质本身没有好坏之分，具有任何一种气质的人都具有优秀闪光的一面，也具有一定的缺陷。在实际生活中，要注意扬长避短，使幼儿全面发展。

心理学的实验研究表明，幼儿的气质具有一定的稳定性，这是由气质的先天遗传性质决定的，遗传是气质的基础，这就使得幼儿的气质特点表现在各种活动中稳定不变。

气质具有稳定性特点的同时不等于说气质是不可变的。气质在各种环境因素和教育方法的相互作用之下，可以逐渐地发生改变。如胆汁质的幼儿虽行为冲动、脾气暴躁，但在良好的家庭和学校的教育影响下，幼儿可逐渐变得沉稳和自我控制，带有黏液质的特点，幼儿气质特点可以逐渐地发生改变。

促进幼儿积极气质发展的方法

气质本身没有好坏之分，在具有稳定性和可变性的同时，在实际生活中，又的确会从积极和消极两个方面对幼儿产生影响。为了促进幼儿气质向积极方面更好地发展，幼儿教师可采取如下方法。

1．对具有胆汁质气质特点的幼儿，要有意识地加强幼儿的自我控制能力培养

如当因幼儿发脾气、犯错误，成人要批评幼儿时，成人要保持冷静和耐心，控制好自己的情绪，给幼儿做好榜样，切忌被胆汁质的幼儿激怒，自己失去控制。同时批评结束后，要留给孩子一定的冷静和反思的时间，让幼儿逐渐学会自我控制。可以有意安排一些相对文静的游戏或文体活动，如弹琴、唱歌、画画、练字、讲故事等，让孩子在游戏和文体活动中弥补胆汁质气质中的不足之处。

2．对具有多血质气质特点的幼儿，要教育这类幼儿做事持之以恒

平时应注意锻炼幼儿意志品质，传授幼儿制定计划的方法，帮助幼儿有计划地做事，鼓励幼儿能够坚持完成任务。由于多血质气质的幼儿接受新事物的能力强，平时也要鼓励幼儿，让幼儿保持对事物的学习兴趣。

3．对具有黏液质气质的幼儿，要鼓励幼儿大胆想象，为幼儿制定适宜的学习目标

在制定学习任务时，最好设计难易适度，幼儿需要花费一点精力才能完成的任务。日常活动中，教师鼓励孩子勇于表现自己，如鼓励黏液质气质的幼儿当众发言、积极参与集体活动等，引导黏液质的幼儿逐步改善。

4．对具有抑郁质的幼儿，要帮助幼儿消除其胆怯和害羞的心理

对这类幼儿要给予较多的关爱和理解，避免过分的批评和训斥。教师对这类幼儿要保持足够的耐心。

思考与实践 ●●●●●

一、判断题

（1）气质有好坏之分，性格没有好坏之分。 （　　）

（2）活泼好动是幼儿的天性，也是幼儿期儿童性格的最明显特征之一。 （　　）

二、简答题

幼儿气质的发展特点有哪些？

三、实践训练

到幼儿园有选择性地观察一个幼儿，并记录该幼儿的行为和言语，分析该幼儿的气质特点。

专题四　幼儿性格的发展特点

案例展示

案例 124　不见了的小蚂蚁

下过雨后，孩子们问："怎么地上的小蚂蚁都不见了？"孩子们四处寻找小蚂蚁，也没找到。他们大声地喊："小蚂蚁，小蚂蚁，你快出来呀！"教师问小朋友："小蚂蚁去哪儿了"。小朋友纷纷说："小蚂蚁钻到土里了。"有的幼儿开始拔草，有的幼儿开始挖土，有的幼儿开始四处寻找小蚂蚁的踪影……教师说："是呀，天气已经越来越冷了，小蚂蚁也要回家住一段时间了。"孩子们不甘心，纷纷地说："老师，它为什么不出来啊？它怎么在家住那么长时间呀？……"

案例 125　"奥特曼"

王老师最近发现，班里不少小朋友在建构区玩积木时，喜欢像奥特曼一样发出"嘿哈，我是奥特曼"的声音，还冲着其他幼儿嘟嘟嘟地"打枪"，影响其他孩子专心玩游戏。教师组织小朋友一起讨论"奥特曼有什么本领"。大家说："他会打怪兽。"教师又问："怪兽在哪里？"有的小朋友说在山里，有的小朋友说在树洞里，有的小朋友说在天上……教师又问道："那么我们幼儿园里有怪兽吗？"小朋友都说没有，教师便把班中某些小朋友的不好行为模仿给大家看，大家都嘻嘻地笑了起来。教师问大家这样的行为好吗？大家都说不好，王老师说："奥特曼的本领是很大，他会打怪兽，但我们这里是幼儿园，幼儿园里不会有怪兽，小朋友听到这些打怪兽的声音都很害怕，以后不要再发出那样的声音了，你们说好不好？"这次教育之后，小朋友对奥特曼和那些打枪的声音的模仿明显减少了。

开动脑筋 ●●●●●

☞ "案例124"中的小朋友在发现小蚂蚁不见了的时候，都做了些什么？说了些什么？

☞ 想一想，为什么"案例125"中的幼儿会在建构区玩游戏时"打枪"并发出奥特曼的声音？这说明幼儿的什么特点？

☞ 什么是性格？幼儿的性格发展有哪些特点？

寻找规律 ●●●●●

以上事例是幼儿性格的表现。那么，什么是性格呢？

性格是指人对现实稳定的态度以及惯常的行为方式中比较稳定的行为方式，如勇敢、鲁莽、坚强、懦弱、正直、卑鄙等词汇都表现了人的性格特征。

性格不是先天形成的，而是后天形成的，可以按照一定的社会评价标准分为好、坏性格。如社会强调正直、慷慨、坚强、公正无私等性格被认为是好的性格；而卑鄙、自私、懦弱、见利忘义等是危害大多数人利益的性格，被认为是坏的性格。

幼儿年龄越小，心理上的差别越小，幼儿随着时间的成长，心理逐渐成熟起来，性格差别也越来越明显。一般认为幼儿在5岁左右才形成初步的性格。但整个幼儿期，幼儿具有一些共同的性格特点。幼儿的这些共同性格特点对幼儿的心理发展具有重要的意义。

1. 天真活泼

幼儿期的幼儿似乎永远不知道疲倦，这一点，对成人来说，有时候感到不可理解。即便是一些不爱说话、胆小、性格内向的幼儿，在和同伴交往玩耍时，也会表现出活泼、好动、天真的特点。他们不会因为自己不断地运动而感到疲劳，只会因为活动没有意思或者缺乏趣味而厌倦。活泼好动是幼儿的天性，也是幼儿期幼儿性格最明显的特征之一，各种类型的幼儿都有活泼好动的天性。"案例124"中的幼儿在户外活动时会去寻找蚂蚁，"案例125"中的幼儿游戏时喜欢模仿奥特曼，都是幼儿活泼好动的表现。

2. 喜欢交往

在日常生活中，成人经常发现幼儿和幼儿在一起"自来熟"，表现在大多数幼儿彼此之间可以不用任何人的介绍，就自然而然地玩在一起，彼此熟悉起来，表现出喜欢交往的

特点。

3．求知欲强

幼儿用童心来看待世界，提出了许多幼儿才会提出的天真问题，表现出强烈的求知欲和好奇心，如：天上为什么有太阳？星星会眨眼吗？下雨是雨婆婆在哭吗？幼儿用他们特有的眼光在观察世界，对什么都感兴趣，对没见过的事物，幼儿常常会不断地提问。"案例124"中的幼儿表现出好奇的典型特点，他们在户外活动的时候发现，下完雨之后小蚂蚁就不见了，就开始追问教师："地上的小蚂蚁怎么都不见了？""它为什么不出来啊？""它怎么在家住那么长时间呀？"等一系列问题，教师被幼儿问了许多个"为什么"，幼儿表现出强烈的求知欲。

幼儿在提问的同时，也喜欢亲自采取行动去寻找答案。他们的行为有时候甚至会出现"破坏"性。因为幼儿天性好动不好静，对外界事物具有很强烈的求知欲望，所以他们往往通过自身的活动来探索周围的事物，对什么都要看一看、摸一摸、敲一敲，有时候表现出一定的"破坏"行为。如"案例124"中有的幼儿，开始在土里翻找蚂蚁，开始拔草、挖土，进行一系列的探索行为，这样的行为有时就具有一定的"破坏性"。

4．模仿性强

模仿性强是幼儿期的典型特点。心理学实验研究表明，婴儿期的儿童就有很强的模仿能力。模仿性强的特点在幼儿小班表现得尤为突出。图中的幼儿看见妈妈在刷牙，他也模仿妈妈刷牙。

妈妈，看我，我也刷

幼儿的模仿对象常常是爸爸、妈妈、教师。这些成人的言行是幼儿进入成人世界的桥梁。幼儿通过对成人的模仿学会了许多社会行为。除了对成人的模仿，幼儿彼此之间的相互模仿更多。如"案例125"中的"奥特曼"风波，就是典型的幼儿喜欢模仿带来的行为特征。

奥特曼是幼儿喜欢看的儿童节目，在观看节目的同时，幼儿喜欢像奥特曼一样具有力量，于是他们在生活中通过模仿电视里的奥特曼的言行获得心理上的满足感。幼儿之间又彼此相互影响，所以表现在班里很多的幼儿都开始变成"奥特曼"，在建构游戏区开始嬉闹。

5．情绪易变

无论哪个年龄阶段的幼儿，情绪易变是其共同特征。幼儿在高兴和不高兴的情绪之间变化交替快，保持时间不长，一会儿痛哭流涕，但转眼间又会破涕为笑。年龄越小，幼儿的情绪易变特点越明显。

塑造幼儿良好性格的方法 •••••

由于幼儿期是幼儿性格初步形成的时期，幼儿教师可以采用如下方法帮助幼儿塑造良好的性格。

1．良好的榜样

由于幼儿的性格具有爱模仿的特点，好的模仿能让幼儿逐渐形成好的行为方式和正确的态度。就像"案例125"中的王老师，发现幼儿的不良模仿行为时，没有马上批评，而是采取疏导的方式，让幼儿讨论这样的行为对别的小朋友是否带来不良影响，通过教师的正面引导和小朋友之间的讨论，让幼儿懂得自己的行为干扰了其他幼儿的学习，是不正确的。当然，在引导幼儿认识不正确的言行的同时，教师可以表扬班级里表现好的幼儿，在同伴中为幼儿树立典型榜样，让幼儿彼此互相学习，形成良好的性格。

2．帮助幼儿建立行为标准

由于好的性格是被社会认可和承认的，所以在日常行为培养上，为幼儿建立明确的行为准则，如公众场所不大喊大叫，借他人东西说声谢谢等，让幼儿知道哪些行为是可以做的，哪些行为是不可以做的。

3．培养幼儿良好的人际交往能力

幼儿的天性是活泼好动和爱交往，在这样的天性引导之下，要尽量避免现在的独生子女养成任性、以自我为中心的不良性格，为幼儿创造和同伴相互交流玩耍、游戏的机会，让幼儿在彼此的相互交往过程中，保持其活泼好动、喜爱交往的天性，让幼儿真正拥有一个开朗、快乐、无忧的童年，这对今后他们的性格发展具有重要意义。

4．正确对待幼儿的好奇、好问

对于幼儿的好奇、好问，成人应该因势利导。由于幼儿知识经验贫乏，所以他们经常会问一些富有童趣的问题，教师对于幼儿的提问应当给予正确的满意答复，即便对于成人不懂之处，也应该给幼儿提供可以帮助幼儿解决问题的途径和手段，切忌粗暴拒绝和置之不理。如可以对孩子说，我们一起去查查书、去查查网络等。成人应该保护幼儿的好奇心，帮助幼儿逐渐养成勤奋好学、勇于进取的良好性格。

思考与实践 ●●●●●

一、判断题

（1）性格是先天形成的，气质是后天形成的。　　　　　　　　　　　（　　）

（2）成人经常发现幼儿和幼儿在一起"自来熟"，这说明幼儿的性格中普遍具有强烈的求知欲。　　　　　　　　　　　　　　　　　　　　　　　　　　　（　　）

二、简答题

幼儿的性格发展有什么特点？

三、实践训练

（1）到幼儿园有选择性地观察一个幼儿，并记录该幼儿的行为和言语，分析该幼儿的性格特点。

（2）观察记录幼儿教师对不同性格幼儿的教育方法，并写出你的看法。

实训指导9

一、实训目的

通过追踪观察几名幼儿在入园、集体活动、用餐、睡眠、离园等环节时的言行表现，对比分析幼儿的气质、性格特点，对幼儿气质类型进行一定区分，对幼儿共同性格特点形成初步感性认识。

二、实训内容

1. 选取同一年龄阶段的几名幼儿，观察拍摄这些幼儿在入园、盥洗、用餐、户外活动等环节中的系列言行表现。

2. 依据分析上述观察资料，对比这些幼儿在说话做事反应速度特点、情感反应特点、做事坚持程度等方面的差异，分析这些幼儿的气质类型。

3. 依据以上观察分析的结果，总结概括上述幼儿的共同性格特点。

三、实训总结

1. 实训总结撰写重点

结合对这些幼儿的观察记录，结合他们在言行反应速度、做事坚持性程度、情绪特点等方面的言行差别，分析幼儿的气质类型，并在此基础上总结幼儿的性格特点。

2. 实训报告撰写方式

个人撰写，小组撰写，自由结合撰写等。

3. 实训报告上交原则

可以根据实际情况，采取多种灵活形式完成。充分发挥学生的自主性和创造性。例如，文字总结、文字论文、自绘观察记录表＋文字分析说明、图形图表、PPT、情景演示、角色扮演、视频编辑或其他形式。

幼儿社会性发展规律

第10章

➡️ **本章案例学习专题**

专题一　幼儿亲子关系的发展特点
专题二　幼儿同伴关系的发展特点
专题三　幼儿亲社会性行为的发展特点

➡️ **本章实训指导**

专题一　幼儿亲子关系的发展特点

一、依恋

案例展示

案例 126　小敏妈妈的困惑

　　小敏的妈妈最近有个烦恼。她说："小敏出生后，我要白天工作，就将小敏白天寄放在奶奶家，晚上接回自己家。我对小敏的照顾可以说是无微不至。现在小敏1岁了，只要奶奶和她在一起，就不要我。如周末奶奶来家看她时，小敏就会一直牵着奶奶的手，奶奶到哪儿，小敏就到哪儿，不跟我，这一点一直让我很困惑。"

案例 127　无法午睡的彦彦

　　伴随着午休柔美的音乐，孩子们脱完衣服后就慢慢睡着了，但彦彦眼泪汪汪地边脱衣服，边掉眼泪。方老师看到了问彦彦："彦彦，怎么了？"彦彦说："我不舒服。""哪儿不舒服？"彦彦说："脚疼"。方老师就帮彦彦揉揉小脚。彦彦又说："辫子不舒服。"方老师又帮彦彦解开小辫……

　　彦彦说了各种各样的理由，就是无法安心睡午觉。方老师最后说："彦彦，今天老师陪你睡，你一定能睡着的。"彦彦犹豫地睡在方老师身边，过了一会儿，在方老师温和、安详的气息中，彦彦慢慢闭上双眼进入了梦乡。

案例 128 不同的孩子和妈妈

自己刚刚玩了一会儿，又回到妈妈身边要妈妈抱的幼儿。

一直喜欢自己玩，妈妈说要离开一会儿，对此表现出无所谓的孩子。

妈妈刚离开一小会儿，再次回来时，宝宝就大哭不已。他要妈妈抱他，可当妈妈要抱他时，他又对妈妈大发脾气，并且用脚踢妈妈。

开动脑筋 ••••••

☞ "案例126"中小敏的妈妈的烦恼是什么？为什么会有这样的现象发生？

☞ "案例127"中的彦彦为什么午睡时会哭？方老师采用了什么办法让彦彦安心午睡？

☞ "案例128"中的幼儿和妈妈在一起时，他们的行为有哪些不同？

寻找规律 ●●●●●

幼儿的社会性发展是指幼儿从出生时作为一个自然人，在成长过程中与周围的人相互交往，逐步形成适应社会所需要的心理和社会行为，渐渐由自然人转变为社会人的过程。

幼儿的社会化发展主要表现在幼儿的亲子关系、同伴关系、亲社会行为和攻击性行为等几个方面。

亲子关系是指幼儿与其主要抚养人之间的交往关系。依恋是重要的亲子关系。

上述案例表现的都是幼儿依恋的特点。依恋是指婴幼儿寻求并企图保持与另一个人（与婴幼儿接触密切的人）亲密的躯体和情感联系的一种倾向。"案例126"中小敏的妈妈之所以烦恼，是因为她不了解幼儿依恋的发展特点。

1. 依恋发展的四个阶段

研究表明，幼儿依恋有四个发展阶段。

（1）0～3个月的婴儿处于"无差别的反应阶段"。这时的婴儿对谁的反应都一样，他们喜欢看人脸，即便给婴儿看人脸的面具，婴儿也会微笑。

（2）3～6个月的婴儿处于"有差别的反应阶段"。这时的婴儿能够区分经常照顾自己的亲人和陌生人，会对自己熟悉的人表现出依恋。

（3）6个月～2岁的孩子处于"特殊情感联结阶段"。孩子在6个月～2岁对养育者产生明显的依恋行为，此时的婴儿会对主要带自己的对象表现出强烈的依恋。谁经常与孩子朝夕相处，孩子就会依恋谁。当这个对象离开时，孩子就会表现出焦虑。一般来说，依恋形成于婴儿6～8个月，"分离焦虑"与"怯生"的出现是依恋形成的标志。在这个阶段，如果孩子离开了依恋对象就会产生心理焦虑和反抗，对陌生人会出现"认生"现象，即陌生人出现时，婴儿会表现出防备与害怕。

"案例126"中小敏的妈妈的困惑就是这个原因。小敏的依恋对象开始单一化了，奶奶与小敏的接触时间长，小敏表现出对奶奶的强烈依恋。

"案例127"中的彦彦初到幼儿园，因为离开了爸爸妈妈等依恋对象，所以产生了"分

离焦虑"，她在心理上产生焦虑和反抗，所以出现用各种理由拒绝午睡的现象，这表现出彦彦需要安全感和关爱，是幼儿正常的心理状况。

（4）2岁以后的幼儿进入"伙伴关系阶段"。幼儿获得了自我的概念，开始理解他人观点。此刻的幼儿能够容忍与妈妈的暂时分离，知道妈妈是爱自己的，开始将妈妈看作独立的人，和妈妈交往时能够考虑到妈妈的需要、兴趣、愿望等，并能据此调节自己的情感和行为。

2．幼儿依恋类型

"案例128"中的幼儿们与妈妈的关系是存在不同的，表现出不同的依恋类型。所有的幼儿都与主要照顾者之间存在依恋关系，但他们之间的互动方式是不一样的。不同的互动方式形成以下不同的依恋类型。

（1）安全依恋型

安全依恋型是较好的依恋类型，此类型的幼儿约占66%。这类幼儿和妈妈共处时，一般会以妈妈为基点探索周围事物，他们会很自在地独立游戏，且会时不时地从妈妈那儿寻找些安慰，如不时地和妈妈聊聊天，如果此时出现陌生人时，只要妈妈鼓励他，就能和陌生人说话和游戏；妈妈离开时，此类幼儿会明显表现出苦恼，会出现哭泣和不安的现象，但一会儿就能安静下来。当妈妈重新出现时，他们会感到十分高兴，立刻接触妈妈，愿意和妈妈游戏。

（2）回避依恋型

回避依恋型的幼儿约占12%。妈妈在场时，他们很少关心妈妈在做什么，只是自己玩，也不主动和妈妈亲近。妈妈离开时，往往漠不关心，并没有出现特别紧张或忧虑的表现，很少有哭泣和不安的现象。妈妈回来后，他们往往会继续先前的活动，很少表现出高兴的样子，有时也会欢迎妈妈的到来，但只是短暂接触一下，就离开了。这类幼儿接受陌生人的安慰和接受妈妈的安慰一样。陌生人逗弄他们，他们一样能够微笑，陌生人带他们出去玩也没什么不安表现，妈妈在场与否对这类幼儿影响不大。

（3）反抗依恋型

反抗依恋型的幼儿约占12%。此类幼儿与妈妈共处时，不会以妈妈为基点探索周围事物，喜欢缠着妈妈，不愿意自己一个人玩。在妈妈要离开之前，就表现得很警惕，强烈反抗，妈妈离开后，大哭大闹，感到恐惧不安，而且很难让他们平静下来。妈妈回来后，往往会紧紧缠住妈妈，生怕妈妈再离开，而且怎么安慰都没有用。这类幼儿会一面寻求与妈妈的接触，一面又反抗与妈妈的接触，出现生气、反抗、踢打妈妈等行为。这类幼儿，即便在家中，也很难接受陌生人的亲近。到了陌生环境里，他们往往表现拘谨，不愿独自玩耍，也很难和其他幼儿一起游戏。

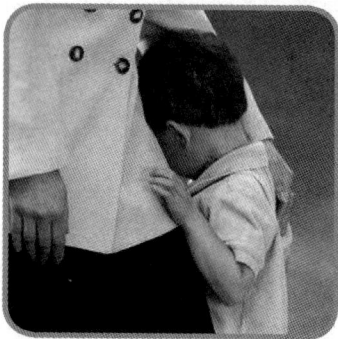

幼儿早期良好的依恋关系的建立，对幼儿社会性发展有重要影响。依恋是幼儿以后建立同他人关系的基础，良好的依恋促进幼儿积极探索行为的发展，使幼儿在解决问题时能够保持更长时间的专注，体验到更多的愉快感。具有良好依恋关系的幼儿，今后能有更好的社会适应和交往能力。

建立良好依恋关系的方法 ●●●●●

1. 了解不良依恋类型形成的原因

爸爸妈妈在幼儿依恋类型的形成中起到重要作用。安全依恋型的孩子探索世界的主动性强，与他人能够建立积极的人际关系，很少出现反常的行为问题。

如果爸爸妈妈经常漠视幼儿的心理需求，儿童会逐渐形成回避型依恋类型。这类幼儿容易产生攻击性行为，常常以自我为中心。

如果爸爸妈妈对幼儿有时亲近，有时淡漠，幼儿容易形成反抗型依恋类型。这类幼儿性格内向，可能会出现压抑自己的情绪、胆小、缺乏探索精神等。

2. 正确认识幼儿暂时的"冷淡"

幼儿发展到一定时期就会对经常照顾自己的人产生依恋。如"案例126"中小敏就和经常照顾她的奶奶亲近，而对自己的妈妈感到陌生。其实这是幼儿人际关系智能发展到一定阶段的表现。小敏的妈妈不用过分担心孩子的冷淡，她可以在日常交往中，满足小敏的心理需求。例如：可以拥抱小敏，让小敏感受到来自妈妈的爱；妈妈无论自己如何忙，也要安排时间和孩子一起游戏玩耍，并让孩子在和妈妈的游戏过程中体验到快乐的情绪；在日常生活中，妈妈及时捕捉小敏的各种需求，并给予她及时的关爱。当小敏对妈妈冷淡时，要避免强迫孩子亲近自己。随着孩子内心的不断丰富，小敏会逐渐和妈妈建立起亲切的亲子依恋关系。

3．面对幼儿的"分离焦虑"可以采用适当的替代物

"案例127"当中的方老师明白，彦彦是由于初到幼儿园，和爸爸妈妈分离，产生了分离焦虑。她懂得采用适当的"移情"手段来缓解幼儿的焦虑。心理学的"移情"理论告诉我们，当幼儿与依恋的对象分离后，可以采用其他的对象作为"代替"，所以方老师像彦彦妈妈一样耐心，给予彦彦关爱和帮助，满足了彦彦情感上的需求，缓解了彦彦对爸爸妈妈的依恋带来的焦虑。方老师在这一刻成为彦彦妈妈的"代替者"。因此，彦彦能够安心地午睡。方老师的行为帮助彦彦从单一对爸爸妈妈的依恋逐渐转移到对多角色的依恋，有利于扩展彦彦依恋广度，为彦彦今后社会性心理的进一步发展打好基础。

4．对不同的依恋类型采用不同的培养方法

（1）耐心对待反抗型依恋的幼儿。反抗依恋型的幼儿对新环境的适应较慢，容易产生强烈的焦虑情绪，对他人的安抚也反应缓慢，会长时间地处于不良情绪状态，一旦和依恋对象分离，情绪长时间的无法过渡。因此，对这一类型的幼儿，成人要给予他们时间适应，不要操之过急，要有耐心，慢慢等待他们逐渐适应新的环境。

（2）采用积极良好的态度对待安全依恋型的幼儿。这类幼儿虽然也会产生一定的分离焦虑，但能够很快适应。成人只要让他们感到温暖和帮助，这类幼儿一般能够很快地恢复平静。

（3）积极鼓励回避依恋型的幼儿。这类幼儿往往比较安静，情绪波动不大，成人要鼓励这类幼儿对事物的探索精神，并帮助他们发展对事物的敏锐的捕捉能力。

思考与实践 ●●●●●

一、填空题

（1）幼儿的社会化发展主要表现在幼儿的＿＿＿＿＿＿、＿＿＿＿＿＿、＿＿＿＿＿＿、

_____等方面。

（2）亲子关系是指幼儿与其主要抚养人之间的交往关系，主要体现在_____和_____两个方面。

（3）一般来说，依恋形成于婴儿6～8个月，_____和_____的出现是依恋形成的标志。

二、简答题

（1）幼儿依恋发展的四个阶段各有什么特点？

（2）简述幼儿依恋的类型及其表现。

三、实践训练

采访自己的爸爸妈妈，根据幼儿依恋特点，分析你自己的依恋类型。分析后，请谈谈你对此的看法。

二、爸爸妈妈教养方式

案例展示

案例 129 人人都喜欢的晶晶

爸爸妈妈在晶晶很小时就带她接触各类事物，开阔晶晶的眼界。晶晶爱看书，爸爸妈妈就为她定制书柜，专门放晶晶的图书。晶晶喜欢画画，爸爸妈妈就买来各种材料，让晶晶自由绘画。爸爸妈妈对晶晶的问题总是耐心解答，当晶晶犯错误时，并不马上批评她，而是留给晶晶自己处理问题的时间，当她无法独自处理时，爸爸妈妈会从旁提供方法，训练晶晶独立解决问题的能力，让她在挫折中增长经验，得到教训。爸爸妈妈还很注意培养她的生活独立性，晶晶在2岁半时就能自己煎鸡蛋，制作简单的早餐。

晶晶很喜欢上幼儿园，她在幼儿园有很多好朋友。由于她生活自理能力很强，老师让她当了"小班长"。另外，她对幼儿园里的每门课程都有浓厚的兴趣，无论上什么课，她都是最认真听讲的孩子之一，老师还发现晶晶能在较难的活动中坚持很长时间。晶晶是幼儿园老师和学生都喜欢的孩子之一。

案例 ⑬ 莹莹的愿望！

莹莹是个对世界充满好奇心的孩子，当她第一次看到别人弹钢琴时，就爱上了钢琴，她回家跟爸爸说，她要学钢琴，爸爸说："钢琴有什么好学的，不许学！……"

不久，莹莹花了很长时间精心地画了一幅"美女"图，她兴高采烈地将图画贴在了床头，过几天被妈妈看到，妈妈不但大骂莹莹在家里乱涂乱画，还顺手将这幅画撕扯下来……

莹莹在幼儿园里被小朋友欺负也不敢反抗，当老师和莹莹爸爸妈妈交流之后，莹莹的爸爸妈妈在家严厉地训斥了莹莹，并骂莹莹是笨蛋。莹莹最烦也是最怕的事情是爸爸妈妈喋喋不休地教训她，她最羡慕的就是幼儿园里的欢欢。她的愿望是，希望自己能到欢欢家，成为欢欢妈妈的孩子……

案例 ⑬ 总是哭闹的洋洋

洋洋一直由爷爷奶奶带大。家里人害怕洋洋发生意外，平时在家什么也不让洋洋碰。洋洋到幼儿园已经一个多月了，可每天来幼儿园都要大哭一场。而此时，其他幼儿已经不怎么哭闹了。每天早晨洋洋都需要奶奶抱着上幼儿园。无论是在家还是在幼儿园，都需要成人喂饭，否则就不吃，在幼儿园也不能午睡。洋洋平时既不会主动和老师打招呼，也不和其他小朋友游戏，基本不参加集体活动，总是一个人玩，而且经常一边哭一边嘴里念叨："奶奶、奶奶，我要回家，我要回家……"

案例 ⑬ 没人管的露露

露露 1 岁前一直寄养在乡下的爷爷奶奶家，1 岁后回到爸爸妈妈身边。爸爸妈妈对她的态度总是冷冰冰的，偶尔露露想要爸爸妈妈陪她玩，爸爸妈妈总是说他们正忙着呢，让露露自己去玩。自露露上幼儿园后，大多数情况下露露都是自己回家，爸爸妈妈经常忘记到点去幼儿园接她，她自己就在小区的空地上玩，有时遭受其他小孩欺负，她也不告诉爸爸妈妈，即便爸爸妈妈看见了她身上的伤痕，也极少过问。在幼儿园里，露露不讲卫生，经常满嘴脏话，是班里的"头儿"，她的胆子很大，主意很多，其他孩子既怕她，又听她的话，老师对她也难以管束。老师们说："别看露露是女孩，班里最淘气的就是她，'坏主意'特别多。"

 **开动脑筋**

☞ "案例129"中的晶晶有哪些特点？晶晶的爸爸妈妈采用了哪些方法对她进行教育？结果如何？为什么？

☞ "案例130"中的莹莹有哪些特点？莹莹的爸爸妈妈采用了哪些方法对她进行教育？结果如何？为什么？

☞ "案例131"中的洋洋有哪些特点？爷爷奶奶对他的教育有什么特点？结果如何？为什么？

☞ "案例132"中露露的爸爸妈妈是如何对待她的？露露有哪些特点？为什么？

寻找规律

除了依恋影响幼儿的亲子关系之外，爸爸妈妈的教养方式也影响着幼儿的亲子关系。

爸爸妈妈的教养方式是指爸爸妈妈和幼儿之间的相互作用方式。以上案例表现的就是爸爸妈妈的教养方式对幼儿亲子关系的影响。

亲子关系类型直接影响到儿童个性品质的形成，是儿童人格发展最重要的影响因素。由于爸爸妈妈和幼儿之间存在不同的相互作用方式，爸爸妈妈对幼儿的教养方式也不同。心理学研究者将爸爸妈妈的教养方式分为民主型、专制型、放纵型和忽视型四类。

1. 民主型

民主型的教养方式最有利于幼儿个性的良性发展。这一类型的爸爸妈妈对幼儿持积极肯定和接纳的态度，他们会经常和孩子进行讨论和交流，尊重孩子的需求，与孩子的关系融洽，对孩子正当的需求会给予满，如支持孩子正确的兴趣和爱好等。他们也会对孩子提出明确而合理的要求，控制孩子不良的言行和需要，并解释清楚有关行为和规则的含义和意义。这类爸爸妈妈很好地平衡了引导控制与支持鼓励之间的关系。他们注重培养孩子的自主性和独立性。"案例129"中晶晶的爸爸妈妈采用的是民主型的教养方式，他们尊重晶晶的成长需要，为晶晶提供必需的发展空间，注重晶晶的全面发展。民主型爸爸妈妈教

养出来的孩子在自尊自信、独立自主、自我控制、开朗友善、积极进取、人际关系等方面都发展较好。

2．专制型

专制型教养方式的爸爸妈妈对待孩子的态度简单粗暴，他们要求孩子无条件地遵守他们制定的规则，不允许孩子对这些规则提出不同意见。对孩子的意见和需求不予尊重，往往还过多地干涉和禁止。经常对孩子采用训斥和拒绝的方式，有时甚至不通情理，即便是对孩子提出的正当合理的要求也不予满足，不会满足子的兴趣和爱好。"案例130"中的莹莹的爸爸妈妈的教养方式就是专制型。对于莹莹想对钢琴、绘画等的正当兴趣，不但不给予支持，反而采用粗暴的方式加以制止。莹莹经常体验不到来自爸爸妈妈的温暖、同情和慈爱，就表现出受到欺负后，不敢维护自己，出现了希望从这个家庭里逃离、渴望慈爱和关心的心理愿望。因此，专制型爸爸妈妈教养出来的儿童一类是个性懦弱、顺从、退缩、忧虑、缺乏生气、缺乏主动性和探索性、有些神经质；一类是以自我为中心、胆大妄为、叛逆、专横、人际关系消极。

3．放任型

放任型教养方式的爸爸妈妈对孩子过分疼爱，对子女百依百顺、娇生惯养。一般只要是孩子提出的要求，都尽量满足，很少拒绝。"案例131"中洋洋的爷爷奶奶对洋洋的教养方式就属于放任型的教养方式。在爷爷奶奶过度的"泛爱"教育之下，洋洋在家什么也不能碰，3岁了，连简单的吃饭都无法自理，凡事都由爷爷奶奶包办代替。因此，当洋洋换了新的环境之后，出现了生活无法自理、适应能力低下、孤僻等表现。放任型的教养方式培养出的孩子往往具有任性、目中无人、自私自利、好吃懒做、意志薄弱、耐挫折能力低下、独立性差等个性特点。

4．忽视型

忽视型教养方式的爸爸妈妈对孩子关注较少，往往对子女漠不关心，任其自然发展，

对孩子缺乏要求和控制。"案例132"中露露的爸爸妈妈的教养方式就属于忽视型教养方式。他们对露露漠不关心，任其自然发展。露露很小就表现出很强的独立性和创造能力、胆大，因此也出现了许多不良行为问题，教育困难。忽视型的教养方式培养出来的孩子往往具有独立自主、勇敢、冷漠、敢作敢为、有较强的创造能力等个性特点。

建立良好的教养方式 •••••

爸爸妈妈是孩子的第一任教师，孩子们通过对爸爸妈妈的模仿获得与他人交往的技能和方法。研究表明，民主型的教养方式最有利于幼儿个性的良性发展。爸爸妈妈可采用如下的方法促进幼儿心理健康发展。

1. 尊重幼儿的自我成长

例如，幼儿在3岁左右就开始具有简单的决断能力。爸爸妈在这个时期应该尊重幼儿的自我决断权力，事前可以为孩子提供多种选择的方案，但决定权要交到孩子自己手里。即便幼儿出现决断错误，也要让孩子在这个过程自己体验到教训。切忌事事包办代替，或者放任自流，让孩子学会为自己的行为负责。事后，可以帮助孩子分析错误的原因，和孩子共同探讨解决问题的方法。这样，当孩子下次再遭遇困难和问题时，他们就会知道既可从爸爸妈妈那里获得理解和尊重，又可获得爸爸妈妈的支持和帮助。这样的亲子关系能够有效地促进幼儿形成积极的人际交往能力。

2. 传授人际交往技能

爸爸妈妈可以从婴儿时期就注意培养孩子的人际交往习惯。例如，帮助孩子建立良好的礼貌行为，能使用礼貌用语，如妨碍他人会说"对不起"等。鼓励幼儿积极和他人交往与沟通。在交往中帮助幼儿培养与其他幼儿的分享能力，如一起玩玩具、一起游戏等。当孩子与他人发生矛盾和争执时，引导幼儿能够站在其他人的立场上换位思考，学会做出适当的妥协等，懂得"吃亏是福"的道理，打破

幼儿的"自我为中心的意识"，增强幼儿的人际交往能力。

3. 严宽有度，培养幼儿积极的心态

例如，民主型的爸爸妈妈在教育孩子时，与孩子的关系既融洽又能在孩子心目中具有威信。要平衡这两点，爸爸妈妈对孩子的教育既要从有利于促进孩子形成积极乐观的情绪、能够尊重他人、乐于分享等方面入手，又要在儿童犯错误时给予理智的规劝和制止。既要平等地与孩子交往，让孩子感受到来自爸爸妈妈的慈爱、关心和尊重，又要树立爸爸妈妈必需的尊严和威信。让他们在遵守了必须遵守的规则和制度的基础上，可以享受自己的自由。爸爸妈妈采用民主的教育方法能够有效地促进幼儿人际交往能力的提高。

思考与实践 ●●●●●

实践训练

（1）根据你的亲身经历，举例说明自己爸爸妈妈的教养方式。

（2）请依据上述分析，谈谈应该采取怎样的方法来促进幼儿心理健康发展。

专题二 幼儿同伴关系的发展特点

一、同伴关系类型

案例 133 人见人爱的晶晶

晶晶是幼儿园里的"小班长"。小朋友们都喜欢和晶晶玩。她对人既礼貌又热情。平时总是笑眯眯的，和小朋友们玩时，从没看见她与其他幼儿抢夺过玩具，常常是别的孩子要玩这个玩具，晶晶就转身去玩其他的玩具。有时孩子们一起游戏时，晶晶总是先让别的幼儿坐木马，自己高高兴兴地去为其他孩子推木马，孩子们都愿意和她一起玩。而且游戏时她还有好多好主意，能让大家的游戏变得十分有趣，因此她在幼儿园里有很多好朋友。

案例 134 安静的云云

云云在幼儿园里很安静，对什么事情都表现得不大主动。例如，吃饭时，她不会主动地让老师添饭；绘画时，她画不出来，也不会主动找老师帮忙；当与其他小朋友发生冲突时，大多数孩子会找老师告状，但对云云来说，即便是老师找她询问缘由，她也低头不语。云云在和小朋友游戏时，总是安静地跟随其他小朋友，有时大家主动和她说话，她也不怎么应答，其他幼儿既不干涉她的活动，也不拒绝她参与。

案例 135 我们不和你玩！

老师让小朋友们在区域角活动，点点不知道自己选什么游戏好，就在各个区域游逛，他走到娃娃家里，其他小朋友说："娃娃家没有地方了，你去美工区吧！"美工区里的几个孩子正玩得兴高采烈，点点向他们走去，可还没靠近，就听见美工区的乐乐说："点点，不许你来捣乱，我们在画画！"点点不理乐乐，自己拿起一支笔，在乐乐正在画的图画纸上乱涂。乐乐生气地说："你干嘛在我的纸上乱画，真讨厌，我不和你玩了！"可点点继续乱画，不一会儿，其他的小朋友纷纷过来，一边将他往外推，一边说："你又来捣乱，我们不和你玩了。"尽管后来老师进行了调解，可班里的小朋友还是不愿和他在一起玩。可点点对此并不在意。

开动脑筋 ●●●●●

👉 "案例133"中的晶晶和小朋友之间的关系如何？有哪些具体表现？

👉 "案例134"中的云云在幼儿园里和小朋友的关系如何？有哪些表现？

👉 "案例135"中的点点和其他幼儿交往时有哪些特点？同伴关系如何？

寻找规律 ●●●●●

以上案例反映的是幼儿同伴关系发展的特点。同伴关系是儿童彼此在交往过程中建立起来的同龄人之间的人际关系。依据儿童受欢迎程度，可将同伴关系分为以下四种类型。

1．受欢迎型

在同伴中享有较高地位。"案例133"中的晶晶就属于这一类型。她与同伴交往时，行为积极友好，关系融洽，孩子们都愿意和她玩，她在伙伴中有较高的影响力。

2．被忽视型

在同伴中为大多数同伴所忽视和冷落。"案例134"中的云云就属于这一类型。云云不喜欢与他人交往，不爱说话，不太活泼，在与人交往过程中表现得不积极，对他人的交流表现退缩、不主动。与同伴交往时既无不良行为，也没太多友好行为。因此，大多数幼儿常常会忽略她的存在。

3．被拒绝型

在同伴中被大多数同伴排斥。"案例135"中的点点就属于这一类型的幼儿，他喜欢和其他孩子玩，会主动与其他幼儿接触，但不会和其他孩子友好相处，积极行为少，行为冲动，有时具有攻击性，对其他幼儿不友善，如点点不顾乐乐的感受，直接在乐乐的图画纸上乱涂乱画。当其他幼儿明显不愿和他玩时，他并不在乎。这类幼儿通常会受到其他幼儿的拒绝和排斥。

4．一般型

在同伴中地位一般。这些幼儿在与人交往中表现一般，既非特别友好，也非特别不友好，导致他们在同伴中的地位一般。

培养幼儿同伴关系的方法 ● ● ● ● ●

儿童的交往类型反映幼儿在同伴中的社会地位和受欢迎程度，同时也影响着幼儿的心理发展。良好的同伴关系，可以满足幼儿高级的情感需要，促进幼儿亲社会性行为的发展，能够帮助幼儿较好地适应社会，并促进幼儿思维能力的提高。而对于人际交往出现问题的"忽视型"和"被拒绝型"的幼儿来说，不良的同伴交往过程不但让他们感到孤单和压抑，而且会对这些孩子一生的人际关系和性格造成不良影响。因此，在幼儿期，为了帮助那些人际交往中存在问题的儿童，我们可以采用以下几种方法。

1. 从培养良好性格入手

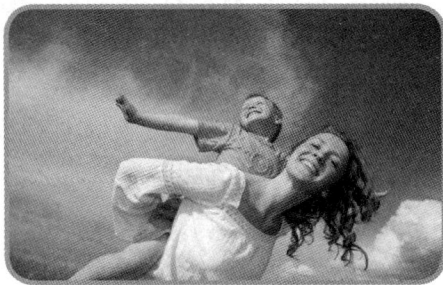

与他人交往良好的幼儿往往具有活泼开朗、友好合作、谦让互惠等积极的性格特征。因此，可以和存在交往问题的幼儿的家长沟通，取得家长的认同，帮助幼儿弄清那些受欢迎孩子的性格和行为特征。通过家园互动，让交往存在问题的幼儿学会与他人和睦相处，逐步形成良好的性格。

2. 采用正确的教育方法

幼儿期具有很强的可塑性，当发现幼儿身上的问题时，首先要分析清楚他们存在的问题的特点是什么，然后确定解决问题的方法，并通过耐心细致的教育，帮助幼儿改变"坏"习惯。在这个过程中，教师的鼓励和正确的引导对幼儿的行为改变具有重要作用。对这些存在交往问题的幼儿，在犯错误时，教师需要指出他们所犯的错误，并帮助他们改正错误；当幼儿做对时，教师要善于发现他们身上的优点并给予表扬；当幼儿取得一定进步时，要及时鼓励他们。教师逐渐帮助这些问题幼儿提高在同伴中心目的地位，扩大他们在同伴中的受欢迎的程度，这样的教育方法可以促进幼儿交往水平的提升。

思考与实践 ● ● ● ● ●

实践训练

（1）选取幼儿园某个幼儿，观察该幼儿的言行，并详细记录。

（2）分析该幼儿同伴关系类型，并说明理由。

二、同伴关系主要形式——游戏

案例展示

案例 136 小班幼儿的游戏观察记录

1. 几个孩子到"智力角"玩玩具，大家都选了"打木桩"（利用木槌砸中从小洞中冒出的木桩）的玩具。大家各自玩各自的，玩了一会儿，一个孩子突然扭过脸，看见另一个孩子正在用力地将木桩敲进小洞，他觉得这个孩子的动作好玩，于是也用力地敲自己面前的玩具，可他敲击的洞口什么也没有。他只是在单纯地模仿同伴的行为。

2. 涛涛在玩具区玩玩具时，突然发现了一架"照相机"，就玩了起来，其他小朋友看见了他玩"照相机"，也纷纷放下手中的玩具也要玩"照相机"，涛涛紧紧抱住"照相机"不放，一个劲儿地说："是我的照相机，我还要玩！"于是，几个孩子开始了相互争夺……即便是老师让涛涛让出"照相机"，涛涛也不肯。

案例 137 中班幼儿的游戏观察记录

1. 6个孩子在游戏区玩"卖食品"的游戏。游戏开始时，几个孩子先是按照自己的喜好扮演起了不同的角色：小樱扮演烧烤厨师，其他2名孩子扮演点心厨师，姗姗和另外3名幼儿扮演顾客。游戏开始后，几个幼儿各自分别忙碌着。姗姗要一串糖葫芦，她点完菜就坐在餐桌边等。不一会儿，小樱为她做好了糖葫芦，姗姗交完钱就坐在餐桌边享受美味。而小樱随手将钱扔在旁边的桌子上，开始招待下一位顾客。当姗姗吃完了糖葫芦后，她随手将木棍丢在餐桌上又去买点心，吃完点心，她也去当厨师。就这样，6个孩子一会儿当厨师在做食品，一会儿将收的钱随手一扔，一会儿又变成顾客付钱买食品吃，随着时间的推移，厨房桌子上和地上到处是散落的"钱"和"剩菜"。游戏区里已经分不清谁是厨师、谁是顾客，场面很混乱。

2. 娃娃家中正在做游戏的"爸爸""妈妈""哥哥"都挤在小小的灶台前做饭。游戏还没有正式开始，孩子们已经乱作一团，"爸爸""妈妈""哥哥"都抢着用厨具烧菜，丝毫不考虑做菜的步骤。然后三人你争我夺地将一盘盘菜端到桌上，小小桌子被堆得满满的，他们还继续往上端菜，大家只管比赛谁端的菜多，其他事他们都一概不管。

案例 138 大班幼儿的游戏观察记录

1. 大班孩子在玩"超市"的游戏。他们事前确定了谁是经理、谁是售货员、谁是收银员之后，大家开始布置超市的货架。每个幼儿按照自己的角色和事前安排好的任务，有序地活动着。突然，当超市售货员的萍萍气呼呼地大喊起来："收银员哪儿去了？"孩子们被她突如其来的大叫吓了一跳。只见乐乐戴着假发急忙地跑过来说："我是收银员，怎么了？""为什么你不在收银处？"萍萍生气地问。乐乐急忙说："我妹妹要结婚，我要参加婚礼，要做新发型啊！""上班时是不能去理发的。""可参加婚礼不能不做头发啊！""你上班时不在收银处，别人要交钱，找谁去啊，我告诉经理，开除你。"听了萍萍的话，当经理的明明走过来说："对，乐乐，你被开除了。"其他孩子也开始纷纷指责乐乐。

2. 在建构区，孩子们要搭建一个游乐园，虽然有的孩子想搭建高楼，但他们会遵从事前的游戏分工，搭好大桥之后，再搭建高楼，孩子们会在好几天之内，为完成一个任务而持续选择搭建游乐区的建筑，直到完成任务。

3. 大班幼儿在一起玩"到医院看病"的游戏。

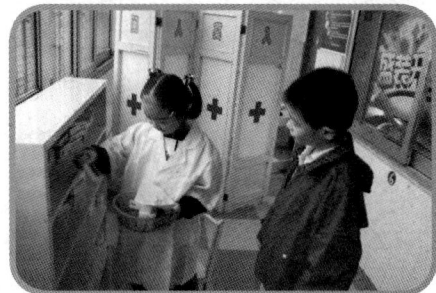

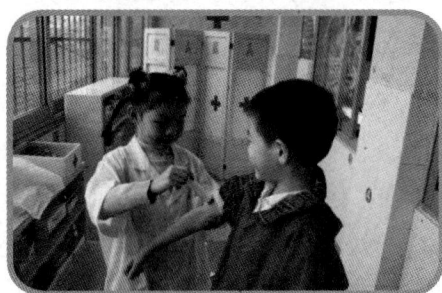

开动脑筋 ●●●●●

👉 从"案例136"中小班幼儿的游戏观察记录中,你能发现小班幼儿的游戏具有哪些特点?同伴交往关系如何?

👉 从"案例137"中中班幼儿的游观察记录中,你能发现中班幼儿的游戏具有哪些特点?伴交往关系如何?

👉 从"案例138"中、大班幼儿的游戏观察记录中,你能发现大班幼儿的游戏具有哪些特点?同伴交往关系如何?

寻找规律 ●●●●●

以上案例反映的是幼儿游戏发展的特点。同伴交往的主要形式是"游戏"。游戏对幼儿的心理发展具有极其重要的影响。游戏是幼儿认识世界的途径。幼儿绝大多数的社会交往是在游戏情境中完成的。对幼儿来说,生活就是游戏,游戏就是生活。幼儿的游戏活动从简单到复杂表现出如下的发展规律。

1. 3岁左右以非社会性的单独游戏或平行游戏为主

(1)单独游戏

单独游戏是指幼儿在游戏中自己跟自己玩,不与旁人发生关系,也不参加别人的游戏。此时的孩子以自我为中心,在这种游戏中幼儿会自己边玩边自言自语,即便有其他幼儿在场,也是彼此相互独立,互不理睬,没表现出任何想要参加到周围幼儿的游戏中的愿望。这种游戏的社会化程度较低。

(2)平行游戏

平行游戏是小班幼儿的主要游戏形式。往往是几个幼儿以一种相似的方式玩同样或者类似的玩具。他们在空间距离上接近,也能意识到彼此的存在,但相互之间不交谈,各自单独游戏。彼此之间的游戏不存在共同目的,游戏内容相互没有关系,相互之间也无合作意图。有时

会无意识地模一下其他孩子的行为，但不会支配其他幼儿的游戏活动。

小班幼儿以非社会性的单独游戏或平行游戏为主。从"案例136"中对小班幼儿游戏观察记录可以看出，游戏时他们以单独游戏为主，游戏过程中容易受偶然性因素影响，如一个幼儿偶尔看见其他幼儿敲击好玩，自己也漫无目的地用力敲；看见其他幼儿玩新玩具，自己也要玩。小班幼儿游戏时，彼此之间缺乏相互联系，对玩具的依赖性强。这也符合小班幼儿直观动作思维的特点，游戏时的纠纷也常常出现在争夺玩具上，同伴交往的社会化程度很低。

2. 4岁左右以联系性游戏为主

联系性游戏是一种没有组织的共同游戏。儿童共同参加一个游戏，相互间有一定的联系，他们彼此之间能互借玩具，还能相互说笑，但游戏缺乏共同目的，也没有分工。大家各自按照自己的愿望游戏，彼此之间的交往是偶然的，联系也不密切，没有组织。游戏突出的是个人兴趣，而不是集体的兴趣。联系性游戏是幼儿游戏中社会性交往发展的初级阶段。

从"案例137"中能够看出，中班幼儿进行的游戏主要是联系性游戏，各幼儿按照自己的喜好进行游戏，孩子们不懂得事前分配好角色，确定每个角色的工作职责，于是出现了大家都按照自己的兴趣想怎么玩就怎么玩的现象，每个人都按照自己的喜好进行游戏，一会儿当顾客，一会儿当厨师，或者大家都想做饭，争着往餐桌上端菜，连做菜的程序也直接跳过。导致最终或是游戏现场物品乱丢、乱放，或是出现游戏场面混乱的现象。中班儿童游戏中的纠纷也常常发生在游戏角色的分配上，同伴交往的社会化程度处于初级水平。

3. 5岁以后合作性游戏开始发展

幼儿在合作游戏中有共同的游戏目的、有游戏规则、有分工合作，有时甚至有"首领"的指挥。孩子们按照游戏的目的和各自的分工，遵守游戏规则，彼此间相互合作，按自己的角色去完成任务，大家会为一起玩好而努力，追求游戏的结果，在游戏过程中会共同克困难。这种游戏是社会化交往水平最高的游戏。

从"案例138"能够看出，大班幼儿的游戏有了更大的变化，能事先规划游戏，确定游戏的目标，设定角色和角色的行动，当游戏中出现争执时，能够按照游戏的规则解决冲

突。从大班幼儿正在进行"看病"游戏的四幅图中可以看出，他们之间角色分工明确，游戏进行得有条不紊。大班幼儿能够根据事前的游戏目标，直至坚持到游戏结束。游戏中的纠纷常常是由于执行游戏规则引起的，同伴交往的社会化程度水平较高。

促进幼儿游戏水平发展的方法 ●●●●●

1. 为幼儿提供适宜的玩具和游戏材料

在幼儿游戏中，玩具和游戏材料的提供能促进幼儿游戏的深入。对于低幼年龄的儿童，没有玩具和游戏材料，其游戏往往无法开展下去。幼儿教师要根据不同年龄的幼儿的特点，针对游戏的类型或情节，适时地为幼儿添置游戏材料，或者通过开设相关游戏区，提供丰富的活动材料等，鼓励幼儿通过建构来表达自己的想象和生活经验，帮助幼儿提升游戏水平，促进幼儿的社会性发展。

2. 丰富幼儿的生活经验

幼儿教师可以利用讲故事、参观、访问、交流等多种形式丰富幼儿的生活经验，为幼儿游戏打好基础。

3. 帮助幼儿明确游戏的目的和规则

幼儿教师可以在幼儿游戏之前，依据幼儿的不同年龄发展特点，有针对性地为幼儿游戏开展提供建议和示范，如可以和幼儿一起商量游戏规则，建议角色行为，提供角色示范，制定奖惩办法等，为幼儿游戏创造条件和机会。

4. 教师对幼儿的游戏要进行个别化指导

幼儿教师在幼儿游戏时，要注意观察每个孩子的变化，有意识地在游戏中观察和了解每个孩子的性格、行为及其发展特点，适宜地进行个别化指导。例如，在"案例137"中，当三个孩子都争着往餐桌上端菜，而直接跳过了做菜的程序，并且娃娃家里其他的事物都无暇顾及时，幼儿教师通过观察游戏了解每个幼儿的兴趣爱好与个性特点，可以以客人的身份介入游戏。如教师可以这样指点："家里都来客人了，怎么没有人招待客人啊？""哎哟，小宝宝都饿哭了，怎么没人抱抱啊？"，或者"都来客人了，家里怎么这么乱啊，谁来打扫打扫房间？""天气冷了，谁来给宝宝换件毛衣啊？"教师在游戏中适时介入，不但能够促进幼儿游戏的顺利进行，还可以扩展幼儿游戏的深度。

思考与实践 ●●●●●

一、判断题

（1）3岁左右的幼儿以非社会性的单独游戏或平行游戏为主。　　　（　　）

（2）单独游戏是幼儿游戏中社会性交往发展的初级阶段。　　　（　　）

（3）联系性游戏有了共同的游戏目的、游戏规则与分工合作。　　　（　　）

二、实践训练

到幼儿园观察幼儿的游戏，并分析幼儿游戏的特点。

专题三　幼儿亲社会性行为的发展特点

一、亲社会行为发展特点

案例
展示

案例139　幼儿的亲社会行为表现

看见其他幼儿摔倒后，主动将
对方扶起，并给予安慰。

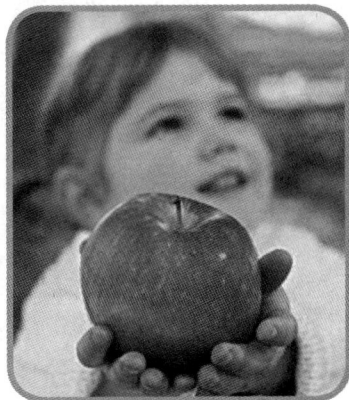

在妈妈的提醒下，将自己所拥
有的苹果分给其他孩子。

? 开动脑筋 ●●●●●

☞ "案例139"中的幼儿对其他孩子表现出了哪些友好行为？

☞ 幼儿亲社会行为有何发展特点？

寻找规律 ● ● ● ● ●

"案例139"体现出了幼儿亲社会行为发展特点。

亲社会行为是指幼儿在社会交往中对他人有益的或对社会有积极影响的行为。儿童亲社会行为是道德发展的重要方面，也是社会性发展的重要内容，主要包括分享、合作、帮助、安慰、谦让、捐赠等。在幼儿亲社会行为中合作行为最常见，其次为分享行为和助人行为，安慰行为和公德行为较少发生。

1．合作行为

合作行为是指幼儿为了共同目标，能够互相协调，一起完成个活动的行为。在儿童亲社会行为当中，发生频率最高的是合作行为。合作行为起于2岁左右，随着幼儿年龄的增长，幼儿之间合作的目的性和稳定性不断增强，合作范围不断扩大。

2．助人行为

幼儿的助人行为随年龄的增长不断提高。研究显示，18个月的儿童当中有65%的孩子在家中帮助爸爸妈妈做家务。"案例139"中左图的女孩，在看到其他孩子摔倒时，能主动提供帮助，将摔倒的儿童扶起，表现出的即为助人行为。从幼儿期到小学中期，儿童的助人行为逐年提高，到小学中期达到最高峰。

3．分享行为

分享行为是指幼儿能够与他人共享自己所拥有的物品，让他人获益的行为。1岁的孩子已经出现了分享行为。"案例139"中右图的幼儿表现出的就是分享行为。心理学研究显示了如下结果。

（1）1～2岁阶段幼儿的分享行为随年龄增长较快，但2～3岁阶段的分享行为随年龄增长反而下降，随后分享行为又再次提升。

（2）儿童分享行为的发展与分享观念密切相关。如"吝啬"倾向在4～6岁达到高峰，之后随年龄增长而降低。"慷慨"倾向在5～6岁时出现飞跃，并逐年增加，直至7～8岁。

在儿童 4～5 岁时，拥有了"均分"的观念，并逐渐占主导地位。

（3）儿童对物品私有权的意识越强，越不容易与他人分享。儿童对重新拥有物品支配权的自我意识越强，越容易与他人分享。此外，儿童分享水平受到物品数量的影响。物品恰好能够平均分配时，所有儿童选择均分；只有一件物品时，幼儿表现得最慷慨。物品的数量逐渐增多，幼儿的慷慨表现逐渐下降。

4．安慰行为

安慰行为是指幼儿觉察到他人的消极情绪状态后，通过自身行为试图帮助对方重新获得积极情绪状态的行为。幼儿自 2 岁时，不但能觉察出对方的情绪做出相似的哭泣反应，而且能提供拥抱等安慰帮助。安慰的质量和数量都随着幼儿年龄的增长不断增强，女孩的安慰行为比男孩更明显。

培养幼儿亲社会行为的方法 ●●●●●

1．增强幼儿的移情能力

儿童的亲社会行为的形成是在移情的基础上产生的。移情是幼儿能够从他人角度考虑问题。移情能力不断提高的幼儿，亲社会行为表现也会逐渐增多。幼儿教师通过移情来教育幼儿，训练幼儿体验他人感受。例如，可以帮助幼儿回忆以前的经验，描述他人某情境下的心理体会，创设问题情境等；也可以在幼儿进行游戏时或幼儿园一日生活中，对幼儿进行有意识的指导，引导幼儿礼貌谦让、热心助人等，培养幼儿的移情能力，促进幼儿的亲社会行为的不断提升。

2．及时强化和鼓励

幼儿的亲社会行为处于发展期。因此，成人的指导和鼓励，有利于促进幼儿亲社会行为的发生。幼儿需要得到大家的表扬和认可，教师的表扬和鼓励对建立和巩固幼儿的亲社会行为具有不可低估的作用。因此，当孩子表现出了亲社会行为时，成人要及时强化，使幼儿获得积极反馈，达到逐渐巩固的目的。

思考与实践 ● ● ● ● ● ●

实践训练

（1）王老师感冒好后，今早来上班了。当孩子们听说老师感冒了，立刻询问："老师你去医院了吗？""老师感冒要多喝水啊！""老师咳嗽时疼吗？"看到孩子们争先恐后地关心自己的病情，王老师心里涌上来阵阵温暖的感觉。运用心理学原理分析此现象。

（2）到幼儿园记录幼儿的亲社会行为。

二、攻击性行为

案例展示

案例⑭ "身怀绝技"的儿子！

5岁半的儿子十分调皮，一天去幼儿园开家长会，老师对我说："您需要好好管束您儿子了，他在幼儿园动不动就和小朋友为争抢玩具动手打架，今天又把甜甜小朋友打哭了。每天都有孩子找我告状，希望您多教育教育他。"回家后，我对儿子说："儿子，你都上中班了，马上就是大班的大哥哥了，应该懂事了，否则你长大了会没出息的。"儿子不服气地说："谁说的，我有特异功能、身怀绝技，还能没出息吗？"我问道："你有什么特异功能？"儿子洋洋得意地说："我能让人生病，从上幼儿园开始，很多老师都说，看到我就头疼。"

开动脑筋 ●●●●●

☞ "案例140"中的儿子身怀什么绝技？

☞ 假设你的孩子这样，你打算怎么办？

寻找规律 ●●●●●

此案例反的是幼儿攻击性的特点。

与幼儿亲社会行为相反的行为是幼儿的攻击性行为。在幼儿期，虽然攻击性是一种不受欢迎的行为，但在幼儿身上时有发生。

幼儿期的攻击性行为具有以下特点。

（1）男孩的攻击性行为多于女孩。男孩比女孩会更多地采取报复行为。

（2）中班时期发生的攻击性行为最频繁。这主要表现为因玩具和其他物品而争吵、打架，并更多依靠身体而非言语的攻击。"案例140"中的上中班的儿子，他和小朋友之间的冲突多发生在争夺玩具上，并表现出以身体攻击为主的特点。

改善方法 ●●●●●

针对案例中儿子身上的攻击性行为可以采用以下方法进行改善。

1. 爸爸妈妈要树立正确的榜样

研究发现，如果爸爸妈妈经常地对儿童施以惩罚，儿童攻击性行为会增多。此外，爸爸妈妈如果经常打架，或者在教育孩子的过程中经常采用暴力方式，都会为孩子树立暴力解决问题的不良榜样。孩子会通过模仿学会攻击他人。因此，

爸爸妈妈要以身作则，多采用正面的教育方式，如当孩子做对时应给予积极的鼓励和表扬，尽量避免体罚或惩罚儿童。自己也要注意自身的言谈，为孩子树立正确的行为榜样。

2．对儿童的攻击性行为要加以制止，不能听之任之

当幼儿发生攻击性行为时，如果成人不加以制止，就等于是在暗示幼儿此行为没有什么，他可以继续实施。有时幼儿之间会相互模仿学习攻击性行为，如果成人听之任之，等于强化了孩子的侵犯行为，当一个幼儿对另一个幼儿成功实施了攻击行为，会不断引发其他幼儿的模仿，而且这个幼儿的攻击性行为会得到强化和增强，他长大后会更多地采用这一行为。因此，成人要及时制止此类行为的发生。

思考与实践

一、简答题

幼儿攻击性行为的发展特点是什么？

二、实践训练

（1）请你根据幼儿攻击性行为的特点，设计一套应对方法。

（2）到幼儿园请教并采访优秀骨干教师，记录她们应对幼儿攻击性行为的方法。

实训指导10

一、实训目的

1. 通过观察记录小、中、大班的游戏活动，对小、中、大班幼儿游戏发展规律形成感性认识。

2. 通过观察记录小、中、大班教师对幼儿游戏的指导介入方式，体验幼儿教师促进幼儿思维力提高的教学艺术。

二、实训内容

1. 在小、中、大班选取游戏活动，观察拍摄记录三个不同年龄阶段幼儿在游戏活动中的言行表现。观察记录重点如下：

（1）游戏活动中参与的人数；

（2）幼儿游戏活动的目的和内容；

（3）游戏活动规则；

（4）游戏合作彼此之间的分工程度；

（5）游戏最后完成效果；

（6）游戏的剧情变化情况。

2. 根据观察拍摄记录结果，分析小、中、大班幼儿的游戏发展特点。

3. 分析小、中、大班幼儿教师对幼儿游戏的指导方法，谈谈个人感受。

三、实训总结

1. 实训总结撰写重点

（1）结合小、中、大班幼儿游戏过程中的言行，分析三个年龄阶段幼儿的游戏发展特点。

（2）结合对幼儿教师在幼儿游戏活动过程中的指导，谈谈你的感受和收获。

2. 实训报告撰写方式

个人撰写，小组撰写，自由结合撰写等。

3. 实训报告上交原则

可以根据实际情况，采取多种灵活形式完成。充分发挥学生的自主性和创造性。例如文字总结、文字论文、自绘观察记录表＋文字分析说明、图形图表、PPT、情景演示、角色扮演、视频编辑或其他形式。

反侵权盗版声明

　　电子工业出版社依法对本作品享有专有出版权。任何未经权利人书面许可，复制、销售或通过信息网络传播本作品的行为，歪曲、篡改、剽窃本作品的行为，均违反《中华人民共和国著作权法》，其行为人应承担相应的民事责任和行政责任，构成犯罪的，将被依法追究刑事责任。

　　为了维护市场秩序，保护权利人的合法权益，我社将依法查处和打击侵权盗版的单位和个人。欢迎社会各界人士积极举报侵权盗版行为，本社将奖励举报有功人员，并保证举报人的信息不被泄露。

举报电话：（010）88254396；（010）88258888

传　　真：（010）88254397

E-mail:　　dbqq@phei.com.cn

通信地址：北京市海淀区万寿路 173 信箱

　　　　　　电子工业出版社总编办公室

邮　　编：100036